面向延迟容忍网络的拥塞控制机制研究

Congetion Control in Delay Tolerant Networks

◎安 莹 / 罗 熹 / 著

西安交通大学出版社
XI'AN JIAOTONG UNIVERSITY PRESS

安　莹　计算机应用技术博士，中南大学信息安全与大数据研究院副教授，硕士生导师。医疗大数据应用技术国家工程实验室核心参与人员，湖南省医学大数据协同创新中心骨干成员。长期从事大数据分析与应用、新型网络体系架构、网络性能优化等方面的科学研究。主持和参与国家重点研发计划项目、国家自然科学基金等国家及省部级各类课题10余项。发表学术论文20余篇，其中被SCI、EI检索15篇。

罗　熹　计算机应用技术博士，专业技术二级警督，湖南警察学院信息技术（网监）系专任教师，湖南省网络犯罪侦查普通高等学校重点实验室专干，大数据智慧警务湖南省工程研究中心骨干成员。主要研究方向为大数据采集与分析、匿名通信技术、新型网络体系架构。主持和参与湖南省科技重大专项、湖南省哲学社会科学基金等10余项科研课题，公开发表论文20余篇，其中SCI、EI检索10篇，取得4项实用新型专利和多项软件著作权。

前　言

延迟容忍网络 DTN（Delay Tolerant Networks）是为节点资源严格受限、网络链路具有大延迟或频繁中断等特性的挑战环境提出的一种新型的网络体系结构。在这种极端恶劣的网络环境下，如何实施有效的拥塞控制成为保证通信服务质量、提升网络性能的关键问题。然而，由于 DTN 不满足传统网络模型中存在持续的端到端路径的基本假设，所以基于端到端反馈的传统方式无法对其直接应用并发挥预期的作用。本书针对延迟容忍网络不同应用环境下的拥塞控制机制进行了研究，其主要贡献包括以下几个方面。

（1）提出了一种拥塞程度自适应的端到端确认机制 CL-ACK（Congestion Level Based ACKnowledgement Mechanism）。实际的网络应用证明，逐跳的确认方式无法替代端到端确认来保障消息的可靠传输。端到端确认消息在通告消息交付状态的同时能有效地减少冗余的传输，然而确认消息的传输方式对于网络开销和传输延迟均有着较大的影响。CL-ACK 利用消息丢弃次数与复制次数的比值评估节点的拥塞程度，并根据拥塞程度的估计值来自适应地调整确认消息的传输方式，即实现在主动传输和被动传输方式间的动态切换。实验结果表明，CL-ACK 实现了存储开销和延迟性能的合理平衡，并提高了消息的到达率。

（2）提出了一种基于概率接纳和丢弃的拥塞控制算法 PAD（Probabilistic

Acceptance and Drop Algorithm）。在间歇性连接的 DTN 网络环境下，消息通过复制的方式进行传输以降低网络中断对消息交付造成的影响。针对消息复制产生的大量冗余容易导致网络拥塞的问题，PAD 利用节点的队列长度以及输入/输出速率来检测拥塞状态，并根据拥塞程度来确定消息的接收或丢弃的概率。通过消息的概率性接收和丢弃实现了有效的拥塞避免，降低了网络开销并获得了较高的到达率。此外，利用马尔科夫生灭过程构建了一个针对多副本路由的到达率分析模型，理论分析和仿真实验一致表明该算法具有优越性。

（3）提出了一种基于订阅时效性的缓存管理机制 TVBBM（Temporal Validity Based Buffer Management Mechanism）。内容中心网络是为缓解传统的"主机—主机"方式无法满足用户对内容共享的需求而提出的一种新型的网络解决方案，它通过用户的订阅兴趣来驱动数据的分发。但由于节点存储能力的限制，分发的效率极易受到网络拥塞的影响。订阅兴趣的时效性是一个常被忽略的因素，然而，实际应用表明，它对于消息的分发和丢弃决策有着重要的意义。TVBBM 首次将用户兴趣的有效时间运用到消息的丢弃决策中，定义了一个多属性的效用，从节点、数据消息和用户兴趣等多个角度综合决定消息的丢弃优先级。仿真结果证明 TVBBM 能够有效地提高消息到达率和分发速度，并降低网络开销。

（4）提出了一种基于节点介数的拥塞感知路由算法 BCBCA（Betweenness Centrality Based Congestion-Aware Routing）。在确定性 DTN 环境下，通常根据确定的网络拓扑变化时间表将时变网络转换为传统的静态网络序列，然后运用经典算法来计算最佳路由。然而由于无法根据网络状态的变化自适应地调整路由，网络流量容易集中到部分的活跃节点，从而形成通信热区并最终导致拥塞。BCBCA 基于网络演化图，利用改进的 Dijkstra 算法选出延时开销最小的前 w 条路径构成备选路径集合，并以节点介数作为反映节点拥塞程度的指标。

在路由决策时，结合路径的延迟开销和节点的介数值来确定各条备选路径的选中概率。实验结果表明 BCBCA 在较合理的延迟开销下实现了节点间的网络负载均衡，并提高了网络消息的交付比率。

安　莹

2019 年 3 月

目　录

第1章 绪 论

1.1 研究背景与意义

传统网络的飞速发展和因特网（Internet）的迅速普及得益于 TCP/IP 协议栈发挥的基础性关键作用，而无线通信技术的成熟以及无线通信设备的集成化和廉价化进一步地推动了无线网络应用领域的扩展，导致了一大批新型网络的涌现。延迟容忍网络 DTN（Delay Tolerant Networks）[1] 是一种新型的无线网络，主要应用于挑战网络环境，如星际网络（IPN）[2]、移动车载网络（VANET）[3]、口袋交换网络（PSN）[4]、野生动物监测与追踪传感器网络 [5]、军事战术通信网络 [6]、乡村通信网络 [7] 以及灾难救援网 [8] 等。与传统网络不同，DTN 往往表现出存在网络分割、网络连接频繁中断、缺乏稳定的端到端路径以及大延迟等特点。这使得传统的 TCP/IP 协议无法很好地适用于该类网络。

网络拥塞是指由于网络负载和网络资源分布不均，用户资源需求总和超出可用资源容量时引起的网络性能骤降的现象。拥塞会严重地降低网络的吞吐量，甚至造成网络的瘫痪。因此，网络拥塞是影响网络服务质量（QoS）的重要问题之一，拥塞控制也成为竞争环境下实现有效公平的资源分配、提升网络服务质量的关键技术。研究人员就此已经展开了大量的研究工作。

在传统网络中，通常采用闭环反馈的方式，利用接收端返回的确认消息实现端到端的可靠性保证和拥塞状态的调控。然而 TCP/IP 对于底层协议的实现往往基于对网络中物理链路特性的一系列假设之上，例如：收发节点之间存在持续的端到端路径；网络中任意节点间的最大往返延迟（RTT）不能太大；链路误码率较低，端到端丢包率较小，等等。显然，DTN 无法完全地满足上述的假设条件，因此，研究符合 DTN 特性的拥塞控制机制具有十分重要的理论意义和应用价值。

1.2 DTN 相关理论基础

1.2.1 DTN 概述

DTN 是一种面向链路高延迟和间歇性连接的特殊网络。最早的关于 DTN 的研究应该追溯到1998年 NASA 喷气推进实验室关于深空网络研究的 IPN（Inter Planetary Network）项目 [9]。起初该项目主要针对星际网络互连展开研究，目的是简化地球与远距离太空船之间的数据通信。随后 IPN 项目组发展成为 IPNSIG[10]，致力于大尺度网络体系结构和相关协议的设计。然而，由于搭建实验网络的代价过高，相关的研究工作一度受阻停滞。为了解决这一难题，一部分研究人员将 IPN 的概念运用到陆地应用中，提出了一个更广阔、更通用的概念——延迟容忍网络。为此，DTNRG（DTN Research Group）[11] 应运而生，该组织发展至今，已成为 DTN 体系结构和协议研究的主要组织。2004年，DARPA 提出了中断可容忍网络（Disruption Tolerant Network）的概念 [12]，同样简称为 DTN。与 DTNRG 主要针对大延迟网络环境的研究不同，DARPA 侧重于解决链路中断情况下的通信问题。然而，实际上，延迟容忍网络和中断容忍网络几乎可以使用相同的网络体系结构和协议，因此，中断容忍网络其实可以看作是原有 DTN 概念下的一种推广和延伸。本书中使用的 DTN 的概念

均泛指延迟 / 中断可容忍网络。

与传统的因特网基于对链路的一定假设前提不同，DTN 适用于延迟、带宽限制、差错概率、节点生存时间以及传输路径稳定性等条件更恶劣的极端网络环境，因此又称挑战网络或机会网络（opportunistic networks）[13]，它具有非常鲜明的特点。

1. 路径和链路特性

高延迟、低速率、非对称链路：即使不考虑数据的处理和排队时延，某些 DTN 仍然具有极大的数据发送量和传播时延。例如在星际网络中，太空通信站与地球之间的距离很远，光传播往往也可能超过数十分钟的时间。另一些如水下传感器网络，数据传输速率在10kbps 左右甚至更低，使得数据发送时间也相对较长(达到数秒钟)。此外，DTN 中数据传输的双向速率通常是高度不对称的，在深空通信中，双向数据速率比可能高达1000∶1。相比毫秒级传播时延的传统网络，DTN 中确认信息无法在短时间内返回，因此基于反馈机制的可靠通信模式不再适用。

频繁中断：通常由于节点的移动、障碍物阻隔或节点出于节能考虑的休眠调度，DTN 链路时常发生断连，而且端到端路径的中断甚至比连通更为频繁。这种网络的中断可能是有规律的，如移动车载网络和卫星网络；也可能是随机的，如传感器网络及口袋交换网络等。缺乏稳定的端到端路径使得传统的 TCP/IP 协议无法直接应用于 DTN 环境，这一特性也成为 DTN 区别于传统网络的另一显著特征。

长排队时延：在基于统计复用的多跳分组网络中，端到端总延迟的长短主要取决于排队延迟的大小。然而对于存在持续稳定的端到端路径的传统网络而言，排队时延通常都很短(一般不超过1 s)。但是在 DTN 中，频繁的断连使得节点由于没有可用的下一跳路径而无法迅速地转发数据，从而需要继续存储数据等待可用转发路径的出现。这将大大延长数据停留在节点缓存中的排队时间，导致节点缓存压力的急剧增加。

2. 端系统特性

节点资源受限：DTN 节点存储资源和处理资源的能力通常都非常有限，然而，由于网络断连的影响，数据在网络中的滞留时间往往很长。这导致网络存储空间消耗很快并且无法及时地释放。在网络负载较大时，数据丢失和传输失败发生的概率更高，极大地影响了网络的传输质量。因此，如何设计有效的存储管理，对节点资源进行合理的分配显得尤为重要，成为提高网络性能的关键。

有限的节点寿命：DTN 通常应用于战场、水下或野外等极端恶劣的环境，受到体积、重量及成本等条件的限制，节点自身携带的电源容量相当有限。能量的消耗以及外界环境的破坏都使得节点不可能生存太长的时间，再加上链路中断的影响，一个特定消息的单程或往返传输时间就完全有可能超过节点的寿命。这将导致常规的基于端到端确认的方案在 DTN 中的失效。

低占空比操作：由于缺乏外界供电系统的能量补给，DTN 通常采用一定的节能调度方案，让节点工作一定时间后进入休眠或其他低能耗状态，以尽可能地降低节点的能耗。为了使整个网络获得更理想的生存时间，节点的占空比往往被控制在很小的范围内。例如在一些传感器网络中，占空比有可能维持在1% 左右。这给传输调度和路由选择带来了新的挑战。

3. 网络结构特性

互操作性：绝大部分现有的 DTN 体系结构主要由链路和介质访问控制协议构成。其网络一般相对简单，应用范围通常限于局部，甚至不能像 TCP/IP 网络那样提供支持分层协议栈的最基本抽象。这类网络缺乏对网络互操作性特别是网间互操作性的考虑，在网络设计时往往采用特殊的应用格式，节点地址、和命名能力以及数据大小受限制等，大大降低了网络的伸缩性并使得拥塞控制和可靠性难于实现。

安全性：由于链路资源的紧缺，传输服务中使用认证和接入控制技术是必要的。但是网络路径的间歇性连通导致基于端到端方式的密钥交换以及未经认证和接入控制的数据传输对 DTN 失去了意义。

如上所述，许多的应用场景都无法保证达到网络的全连通以及满足传统网络中的其他假设条件，而 DTN 却能很好地适应这些应用的特殊要求。因此，DTN 具有极其广阔的应用前景和巨大的市场潜力。但是其网络特性也决定了传统的网络协议不可能成功地应用于受限网络环境。目前关于 DTN 的研究已经引起了许多国家、组织及研究人员的高度关注；并开展了大量的相关研究项目。

(1) CarTel 项目 [14]。CarTel 是美国麻省理工学院（MIT）开发的基于车辆传感器的信息收集和发布系统，应用目标为环境监测、路况收集、车辆诊断和路线导航等。在该项目中，研究人员将嵌入式 CarTel 节点安装在波士顿地区的 50 辆汽车上(其中 40 辆是出租车)，用来监视行车速度并使用 QuickWiFi 来加快路况数据流传送。利用收集到的车辆路况数据，CarTel 可以识别交通拥塞位置，并给出行车路线建议。

(2)Haggle 项目 [15]。Haggle 是欧盟 IST FET 资助，由 Thomson Paris 实验室、剑桥大学、Uppsala 大学等共同参与的关于自治通信的项目。该项目旨在设计一个新的自治网络架构以解决传统网络架构存在的弊端，为间歇性连接特别是缺乏端到端连接的 DTN 环境中的机会通信提供支持。

(3) UK-DMC 项目 [16]。2004 年，NASA 利用英国萨里卫星技术有限公司 SSTL（Surrey Satellite TechnologyLimited）的灾难检测星座 UK-DMC 进行天基抗中断传感器网络研究，首次将 DTN 体系结构运用于深空环境，利用 Bundle 协议实现了太空数据传输，并采用 Saratoga 协议完成了卫星到地面网络的通信。

(4) ResiliNets 项目 [17]。ResiliNets 是由英国兰开斯特大学开展的一项空中 Ad hoc 网络项目，即高移动性多跳空中遥测网络。其主要目标是实现高速移动的空中飞行单位的遥控和数据通信。该项目针对传统网络协议的缺陷设计了一个符合空中 Ad hoc 网络特性的全新协议体系：Aero TCP 协议、Aero NP 协议以及 Aero RP 协议。

(5) ZebraNet 项目 [18]。ZebraNet 是由美国普林斯顿大学（Princeton University）开展的一个多学科融合的研究项目，主要目的是在肯尼亚中部的热带地区构建一个用于追踪非洲草原斑马的 DTN 系统。该系统利用移动基站和安装在斑马脖子上的低功耗传感器完成斑马迁徙数据的收集和交换，为斑马种群的研究提供实际数据。

(6) DieselNet 项目 [19]。美国的马萨诸塞大学构建的 UMass DieselNet 智能公文系统旨在为周边学院和城镇提供无线通信服务。该系统是一个混合型网络，由40辆公交车构成。每辆公交车均装备一套 HaCom Open Brick 嵌入式计算机及无线通信设备，并通过 GPS 提供实时定位服务，同时辅以安装于路边的 Throwboxes 来提高网络的连通性。

(7) DakNet 项目 [20]。DakNet 即驿站网，是由 MIT 为偏远地区提供因特网服务的一种低代价异步信息通信技术（ICT）基础结构。该网络已被成功地应用于印度乡村的非实时通信中。该项目中，每个乡村均安装一种具有数字存储和短距离无线通信能力的信息亭，并利用移动接入点(如公交车、自行车等)实现信息亭之间以及信息亭与城镇网关之间的数据交换。

(8) EMMA 项目 [21]。EMMA 项目是德国布伦瑞克大学为实现价格低廉的空气污染测量而开发的一个将 DTN 技术与城市公交系统相结合的都市环境监控网络系统。该系统利用安装在公交车上的传感器实时地采集周围的环境数据，然后通过公交车辆的相遇机会实现采集数据的交换，并最终交付至处理中心完成环境质量的数据分析。

1.2.2　DTN 体系结构

Kevin Fall 在 2003 年的 SIGCOM 上第一次明确提出了一个支持受限网络与其他网络互操作的 DTN 体系结构[22]。该架构在传输层和应用层之间增加了一个端到端的面向消息的 Bundle 协议层，通过持久存储来克服网络中断的影响。Bundle 协议 BP（Bundle Protocol）[23] 包括一个逐跳的可靠交付责任转移和可选的端到端的确认，并通过一个非常灵活的命名机制(基于统一资源识别符)来提供网络互操作性的支持，可以用一个同样的命名语法来封装不同的名称和寻址模式。此外，它还包含一个可选的用来防止网络设备非授权使用的安全模型。图 1-1 是 DTN 体系结构与 TCP/IP 体系结构的对比。Bundle 层协议运行在各种不同区域网络的底层协议之上，使得应用层能够实现跨区域的通信。从某种意义上说，DTN 体系结构为互连异构，通过存储转发方式来克服网络中断的网关或代理提供了一种通用的方法。

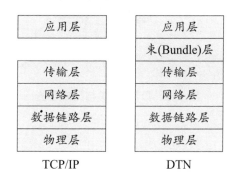

图 1-1　DTN 与 TCP/IP 网络体系结构对比

1. 区域和网关

DTN 体系结构包含了区域网络和 DTN 网关的概念。其中区域网络可以是传统因特网、星际网络、军事网络或传感器网络等等。同一区域内的节点可以使用本区域内的通信协议直接通信，而不同区域间则需通过 DTN 网关实现互联，如图 1-2[22] 所示。与传统的路由器不同，DTN 网关的主要职能包括：

(1) 关注可靠消息交付而非尽力而为的分组交换；

(2) 将带有可靠投递要求的消息保存到非易失存储器；

(3) 完成名称解析；

(4) 完成对到达数据流的认证和访问控制检查。

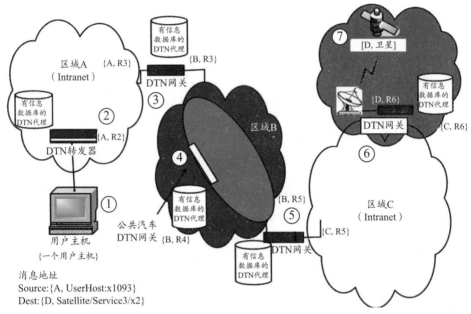

图 1-2　DTN 网关与区域互联

2. 名称和地址

为了消息的路由，Bundle 协议使用名称元组来标识节点。节点的名称元组由长度可变的两个部分组成，其形式为 {区域 ID，实体 ID}。其中，区域 ID 是层次结构的全局唯一的名称，由 DTN 路由器负责解释，主要用于 DTN 中不同区域间的路由。实体 ID 是指定区域内的一个可解析名称，仅应用于本区域内的路由。它不要求全局唯一，可以为任意的结构和命名方案。

传统网络中的 DNS 域名解析在一个端到端会话启动之前就必须完成名称到地址的转换。而 DTN 的名称元组绑定则仅在需要用到名称元组中的信息时才进行绑定，因此又称为迟绑定（late binding）。具体来说，消息跨越多个区域进行传递时，DTN 网关只使用区域 ID 来完成中间路径，直至到达目标区域边缘时，实体 ID 才被解释和转换为本区域内的协议标准名称。

3. 非会话式协议

链路的长延时及间歇性连通使得需要多次端到端交互的会话式协议（如 TCP）无法正常工作。因此，DTN 的 Bundle 层之间的通信只能通过非会话式的或者最低限度会话式的底层协议来实现。任何来自接收节点的确认都是可选的，这依赖于所选的服务的类别。它将传统的端到端会话分成多段，各段通信可以采用 TCP 协议实现，因而这些分段的 TCP 连接串接起来便构成一条端到端路径。

4. 可靠性和保管传输

Bundle 层提供的最基本服务是无确认、带优先级的单播消息投递，但是还提供了两个增强传输可靠性的可选项：端到端确认和保管传输。其中，保管传输是一种粗粒度的重传机制，在消息传递的同时，将可靠传输消息的责任也在节点间传递。一个消息及其传输责任在节点间的一次传递就称为一次保管传输，而接收消息并同意承担其可靠传递责任的节点则称为保管节点。保管传输由源端发起初始请求，在连续节点的 Bundle 层之间进行，如图1-3所示。在需要进行消息传递时，当前保管节点将请求进行保管传输并启动一个应答时间重传定时器。如果下一跳节点接受保管，它就返回一个应答给发送者。若在发送者的应答时间超时之前没有返回应答，发送者将进行消息重传。

消息的保管节点通常需要持续地存储被保管的消息，不能随意地进行丢弃，除非找到其他节点接替了保管责任或者消息生存时间过期而死亡。然而，保管传输并不能保证端到端的可靠性，这只有在源端请求保管传输并且有确认时才有可能实现。

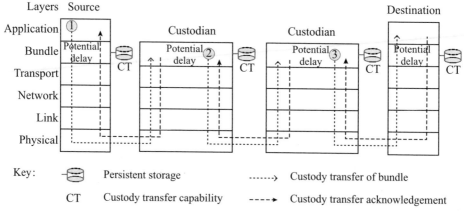

图 1-3　消息的保管传输过程

1.2.3　DTN 路由技术

路由选择算法的优劣是直接影响网络性能的重要因素。好的路由算法能减少网络开销，提高资源的利用率，有效地避免或缓解网络拥塞，大大提升消息的交付比率。自 DTN 体系结构提出开始，路由问题一直被认为是关注程度最高的研究热点之一，相关的体系文档也视其为 DTN 的关键部分[24]。

由于端到端路径的缺失，DTN 中的路由只能通过一连串时间独立的节点接触来构成，利用机会性的接触实现消息从源端到目的端的传输。连接的时断时续导致可用的下一跳节点时有时无。因此，为了提高消息交付的成功率，DTN 体系结构在传统网络存储—转发（store and forward）转发方式的基础上增加了一个"携带"过程，采用了存储—携带—转发（store-carry and forward）[25]的转发方式实现节点间的通信，即节点利用持久存储继续携带待转发消息直至可用的下一跳转发节点出现。

在"存储—携带—转发"的消息转发模式下，DTN 路由的关键是解决时变拓扑下传输路径的选择问题。目前关于 DTN 路由的研究已经大量地展开，学者们提出了许多的路由算法。从不同的角度，可将这些路由算法分成不同的类别。按照网络的特性，可分为确定性网络路由协议和随机网络路由协议，如图

1-4所示。

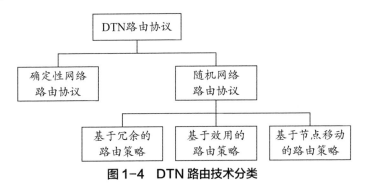

图1-4　DTN 路由技术分类

1．确定性网络路由协议

确定性路由策略主要针对节点移动具有一定规律性和重复性的特殊网络，如卫星网络、公交车载网络等，通过网络的确定性的特征(可预知的节点移动或拓扑连接)，选择最佳的转发路径。MED（Minimum Expected Delay）[26] 是一种典型的确定性路由算法，它利用预先获知的节点接触概要知识，以平均等待时间作为随时间变化的边的代价，运用最短路径算法（Dijkstra）计算最小延迟路径。Jones 等人 [27] 提出的 MEED（Minimum Estimated Expected Delay）是 MED 算法的一种改进，它利用节点接触历史信息来计算预期等待时间。Merugu S. 等 [28] 提出的 Tree Approach 利用节点的移动信息和可用性时间函数，通过建立一棵从源节点出发的树，寻找到目的节点时延或跳数最小的路径。Liu C. 和 Wu J.[29] 在假定节点静止或做规律性运动的前提下，提出了一种可扩展的分层路由算法 DHR。Handorean R. 等 [30] 提出一种时空路由（Space Time Routing）框架，在节点运动模式可确定的情况下，从时间和空间两个维度上探索路由信息，将时变网络转化为静态网络，再利用经典的最短路径算法计算最短路径。当然，还有其他确定性路由算法被相继提出 [31-37]。

2. 随机网络路由协议

随机网络是指拓扑变化无规律或不可预知的网络，因此更具一般性。目前 DTN 的路由协议研究主要针对这类网络展开。随机网络路由协议的关键是选择合适的下一跳转发节点，以较小的网络资源消耗实现消息交付概率的最大化。现有的随机网络路由协议可大致分为基于冗余的路由策略、基于效用的路由策略以及基于节点移动的路由策略。

(1) 基于冗余的路由策略。基于冗余的路由策略会增加每个消息的冗余度，利用消息的多路径并行传输实现消息传输性能的提升。它又可以进一步分为基于复制（replication）的路由策略和基于编码（coding）的路由策略这两种具体的实现方式。

① 基于复制的路由策略。在该机制中，节点传输消息时会复制一份副本给接收节点，而自己仍保留原来的消息。因此，网络中可能同时存在同一消息的多个副本，只要其中一个到达目的节点，消息传输即算成功。确定优化的消息拷贝数和产生消息拷贝的方式是这种策略需要重点考虑的关键问题。Vahdat 和 Becker 提出的 Epidemic 路由算法 [38] 是一种采用洪泛方式的复制路由算法，它应用了同步复制数据库的技术，在相遇节点间相互交换彼此缺少的消息。Alaeddine El Fawal 等 [39] 提出的 PREP 算法是对 Epidemic 的一种改进，它利用本地节点到源节点和目的节点的开销，以及消息的生成和死亡时间来确定消息的转发和丢弃优先级。Spyropoulos 等人提出的 Binary Spray-and-Wait 算法 [40] 将消息分发分为两个阶段：一为 spray 阶段，该阶段，源节点向网络复制固定数量的副本，并采用二分法将自己持有的副本在相遇节点间分发。当节点携带的副本数为1时，则进入第二个阶段——wait 阶段，即只能等到与目的节点相遇才能进行消息的传递。Thrasyvoulos Spyropoulos 等 [41] 提出了 Spray-and-Focus 算法，在 Spray-and-Wait 算法的基础上，将 wait 阶段改进为 focus 阶段，在节点仅携带一个消息副本时，利用可用性度量实现转发节点的选择。

目前还有其他基于受限复制的路由算法[42-47]，利用节点位置、相遇历史等信息来改进算法性能。

② 基于编码的路由策略。基于编码的路由策略将待传输数据编码成相互冗余的消息，目标节点仅需要接收到部分编码后的消息，即实现解码并重建原数据。EC[48] 路由是一种基于删除编码的路由算法。为了获得更好的延迟性能，Chen 等人[49] 将 EC 和复制方法相结合，提出了一种混合式的路由机制 H-EC，在一个连接持续时间内允许同时传输多个消息的编码块，进一步提高了传输性能。Boudec 等人引入网络编码的概念，提出了一种基于线性网络编码的概率转发路由算法[50]，该算法下，当中继节点接收到消息后，利用消息中包含的编码向量对已接收到的消息进行线性编码，然后根据转发因子 d 实现概率转发。该算法有效地控制了网络开销，具有良好的扩展性和鲁棒性。

(2) 基于效用的路由策略。基于效用的转发机制通常通过单路径、单副本方式，利用网络状态信息来选择下一跳节点。该机制一般采用一个估计函数，根据相遇预测（meeting prediction）、链路状态（link state）和上下文信息（context）等不同的参数评估各个节点的转发效用值（utility），从而将消息向效用值更高的节点进行转发，以达到更高的转发效率。

PROPHET（probabilistic routing protocol using history of encounters and transitivity）[51] 定义了一个交付预测值来估计各个节点将消息传输到目的节点的可能性，在节点接触过程中，选择将消息转发给具有更高交付预测值的节点。CAR[52] 是一个通用的路由框架，使用包括剩余能量、拓扑变化速率、节点间的相遇概率和速度等上下文属性，计算各节点的效用值，从而实现高效、低代价的数据转发。Burgess 等人提出的 MaxProp 路由算法[53] 采用增量平均化的方法估计节点间消息交付的成功概率，以此确定消息的转发优先级。交付成功率高的消息将获得更多的转发机会，从而提高网络资源的利用率。RAPID（resource allocation protocol for intentional DTN）[54] 则通过由应用显式的指定路由目标，将路由目标转换成为每个消息的效用。该算法利用节点接触过程中收集的消息副本的数量、节点之间接触的期望时间、分发延迟估计信息等网络状态信息推算给定路由目标下消息的效用值。然后根据消息的边际效用值按降序进行复制转发。王博等人提出了一种基于效用转发的自适应路由算法 URD[55]，该算法从节点中心度、关联度、节点相似度以及节点移动连通度等方面对节点之间的历史相遇信息进行分析，进而计算得到一个综合的转发效用。

(3)基于节点移动的路由策略。基于节点移动的路由策略主要针对部分或全部节点具有一定移动性的网络环境，它利用网络中某些节点在部署区域内的移动来为其他节点提供通信机会。

DataMULEs 系统[56]通过引入移动节点来实现稀疏传感器网络的数据收集。稀疏部署在观测场景中的传感器形成一个不连通的网络，使用现有的固定传感器组网技术无法完成数据收集。Message Ferrying（MF）[57, 58] 使用 Ferry 节点主动移动实现稀疏 MANET 中的数据传输。Ferry 节点是部署区域内的一个特殊节点，它按照预定义路径或普通节点通信请求而规划出的路径来移动，源节点将数据装载到 Ferry 节点，Ferry 节点在移动过程中将数据转发给附近的目标节点。张振京等人[59]提出一种混合的路由算法 CS-DTN，从多个角度结合节点的相关特性，并通过对节点相遇概率的预测进行分簇及副本限制，从而减少不必要的消息转发开销，提高消息交付的效率。

1.3 DTN 拥塞控制机制研究

随着网络规模扩大，应用领域和应用模式的不断丰富，越来越多的研究将目标指向对现有网络体系结构的扩展，以求为大量涌现的新型网络应用提供服务质量的保证。但其实现的关键最终都归结到对网络负载实施不同层次和不同粒度上的有效管理，其中，对网络的拥塞控制是最核心、最重要的方面。能否有效地避免拥塞造成的网络崩溃，尽可能地保持网络处于不拥塞或轻度拥塞的理想状态，也成为其他 Qos 控制机制得以实现的前提和基础。

拥塞是一种持续过载的网络状态[60]，发生于用户对网络资源的需求超过网络固有容量的情况下。网络拥塞会造成传输延迟的增加和消息丢失率的上升，极大地影响网络整体性能，严重时甚至导致网络系统的瘫痪。因此从本质上说，拥塞控制就是一个如何合理、公平地实现资源共享的问题。

在传统网络中，拥塞控制是一个经典问题，学术界已经对其开展了大量的相关研究。在传输层通常利用丢包或延时信息对拥塞状态进行检测，然后通过端到端的反馈机制进行相应的拥塞控制。最早关于网络拥塞的研究当属 Nagle[61] 在 1984 年针对 TCP 连接中不必要的重传引发的拥塞现象的研究。随后，Van Jacobson 将端到端拥塞控制机制引入 TCP 网络中，提出了 TCP Tahoe 协议[62]，通过慢启动、拥塞避免和快速重传三个基本算法实现对网络的有效调控。为了进一步提高拥塞恢复的效率，TCP Reno 对 Tahoe 进行改进，增加了快速恢复算法[63]，从而形成了 TCP 拥塞控制的基本框架。在此基础上，又陆续出现了许多的改进协议，如 SACK[64]、New Reno[65]、Vegas[66] 等。

针对高带宽时延网络环境，研究人员为了解决带宽利用率的问题又相继提出了许多高速网络协议。例如，HSTCP 协议[67] 利用相邻丢包事件的间隔时间来反馈网络的拥塞程度，并据此采用乘性增加 / 乘性减小 MIMD（Multiplicative Increase Multiplicative Decrease）的方式自适应地调整拥塞窗口大小。CUBIC[68] 则采用了一种窗口立方体增益函数来确定窗口的变化，具有良好的稳定性、可扩展性和实时性。FAST TCP[69] 则是对 Vegas 的一种改进协议，它在 Vegas 利用延迟检测拥塞状态的基础上，综合了丢包信息来提高拥塞判断的准确性。XCP[70] 是一种联合端系统和中间路由器共同协作的显示拥塞控制协议。它对 ECN 显式拥塞指示机制进行扩展，通过设置协议头中的拥塞标志，路由器向源端通告瓶颈链路的拥塞程度，促使源端更准确地调整发送窗口，从而极大地提高了传输效率，增强了公平性。

随着无线网络应用的兴起，针对无线链路低信噪比、高误码率的特点，出现了大量无线网络的拥塞控制算法，如 TCP Westwood[71]、TIBET[72]、JERSEY[73]、TARA[74]、WCPCap[75] 和 UBPFCC[76] 等。TCP Westwood 和 TIBET 均采用丢包作为拥塞的反馈因子，并利用发送端对 ACK 返回速率的测量估计链路的可用带宽，以此实现拥塞丢包和链路差错丢包的有效区分。在拥塞发生时根据当前可用带宽的估计值来调整慢启动阈值及拥塞窗口，提高了网络带宽的利用率。JERSEY 则在可用带宽预测的基础上增加了一个拥塞警告机制，通过中间节点对拥塞状态的反馈进一步提高源端对拥塞估计的准确性。TARA 是针对无线传感网节能要求和多到一通信特征提出的一种拓扑感知的资源适配策略。为了满足用户对数据保真度的要求，TARA 在网络拥塞期间通过激活更多的传感器节点增加可用资源以缓解拥塞。WCPCap 提供了一种基于加性增加、乘性减少的速率调节机制来实现拥塞控制。它通过对邻居节点可用资源的估计，在拥塞发生时利用邻居节点的资源来缓解当前节点的通信压力。而 UBPFCC 则是一个针对车载网络的基于效用的拥塞控制协议，它利用消息的定量效用信息计算每个节点的平均效用值，并根据效用值按比例地分配可用带宽。

1.3.1　DTN 环境下拥塞控制面临的主要挑战

DTN 的网络环境与传统 TCP 网络关于物理链路特性的基本假设完全不符，导致其在端到端连接、可靠性、拥塞控制、路由机制、延时特性、信道特征等各方面都具有截然不同的特点：

（1）节点的稀疏部署、能量的限制、移动性以及外界通信环境的恶劣往往导致 DTN 节点间的通信链路频繁中断，无法像传统因特网一样保证持续稳定的端到端路径。

(2)DTN 信道具有低信噪比、高误码率的特点，而且端到端延迟可能很大，节点的 ACK 信息无法及时地反馈到源端，因此导致了基于重传和确认机制的 TCP 可靠性方法以及传统的基于延时的拥塞检测方法的失效。

(3) DTN 在"存储—携带—转发"方式下采用了保管传输机制，保管节点在一般情况下不能随意地丢弃受保管的消息，使得传统的消息丢弃机制受到限制。

(4) DTN 的路由机制通常以最大化消息交付比例为主要目的，因此，路由节点的行为特性也往往影响到网络拥塞控制的实现。

DTN 的这些特性使得传统的，特别是基于端到端反馈的拥塞控制方法无法如同在因特网中那样发挥其应有的作用。这种不适应性造成了公平性差、网络吞吐率低下以及吞吐率不稳定等一系列问题[77]。因此，如何设计满足 DTN 环境特殊要求的拥塞控制机制，实现网络性能的优化成为制约 DTN 网络发展的关键问题。

1.3.2　DTN 拥塞控制研究现状

由于 DTN 节点资源受限且转发路径不稳定，拥塞现象极易在这种挑战环境下发生。然而，目前 DTN 中的拥塞控制仍然是一个开放性问题，IRTF 也尚未就此达成一致意见。通常，网络拥塞问题主要从增加网络资源和降低用户需求两个方面加以解决。前者通常利用网络资源的动态配置来增加系统容量，但对于系统资源本就极其紧缺的 DTN 网络而言，这显然不是一个可行的方案，因此 DTN 中的拥塞控制大多通过后者来实现。降低用户需求主要表现为降低服务质量、资源调度和拒绝服务。我们根据降低用户需求的主要表现将 DTN 中的拥塞控制机制分为以下三类。

1. 基于拒绝服务的拥塞控制机制

基于拒绝服务的拥塞控制机制一般通过拒绝接纳新的用户服务请求来实现网络拥塞时的恢复。这类方法多用于面向连接的网络，而对于间歇性连接的DTN，通常采用消息接纳控制策略，在拥塞时拒绝接收新的消息达到控制资源消耗的目的。

ACC[78]是一种基于规则的自治本地拥塞控制机制，该机制运用经济学模型，将消息的接纳和传递比作风险投资，在新消息到达时，节点根据自身的缓存空间、消息的输入速率、消息的剩余 TTL 等参数的历史统计信息来评估接收和存储该消息带来的风险值，自主地决定是否进行接收。

Zhang G. 等 [79] 提出了一种容迟网络的拥塞管理策略，它引入税收管理的概念，并通过动态规划的方法来实现节点接纳或拒绝消息的决策。为了得到最优的选择，该策略将节点的本地存储空间当成机会成本（Opportunity Cost），并通过一个价值函数（Value Function）来计算最优的期望收益。最终，节点选择产生最大期望收益的决策来处理新到达的消息。

Y. Amir 等 [80] 提出了一种通过有效的资源分配避免网络过载的方法。该方法分别定义了一个成本函数和一个收益函数，通过比较接收消息的收益和相关路径的传输代价，做出消息的接纳决策。其中，它所使用的成本 - 收益模型与 Zhang G.[79] 等提出的策略十分类似，但不同的是，该方法采用了集中式的决策机制，需要收集全局信息来计算网络路径上所有链路的代价。

2. 基于降低服务质量的拥塞控制机制

基于降低服务质量的拥塞控制通过在拥塞发生时减少消息复制次数或降低节点发送速率来防止持续的网络过载。基于副本限制的转发策略以及基于闭环反馈的流控机制均属于这类方法。

RR（Retiring Replicates）[81] 是针对多副本路由的 DTN 环境提出的一种分

布式的基于副本限制的拥塞避免算法。它利用节点接触时获取的相关本地信息来指示网络的拥塞程度的变化，并以此来自适应地调整消息复制数量的阈值，进而实现对网络的拥塞控制。该算法中，节点会统计本地的网络丢包数及产生的副本数，并根据这两个统计量周期性地计算网络拥塞程度的估计值。为了避免局部信息的不准确，节点相遇时会互相交换各自的统计值，以使本地信息接近全局信息。若节点当前的拥塞程度的计算值大于上一次的历史值，则表示拥塞程度加剧，节点将自适应地减小消息副本数量的阈值，反之亦然。

Bracciale L. 等[82]针对缓存受限 DTN 环境下的发布订阅系统（Publish Subscribe system），提出了一种副本数量的优化算法。该系统中，消息根据其内容被划分为不同的主题（Topic），每个主题具有不同的订阅量。根据订阅量的统计，节点计算各主题的最佳转发副本数量，以此优化消息的分发过程，达到减小延迟、降低存储开销的目的。

TCP-F[83]和 ELFN[84]是针对 MANET 环境的两种基于反馈的拥塞控制协议。二者能有效地实现对路由失效和网络拥塞造成的分组丢失进行区分。拥塞发生时，它们均采用与 TCP 拥塞控制算法相似的方式进行拥塞处理。而当中间节点检测到路由中断时，将通过显式通告向发送端报告状态并使其进入冻结状态，停止数据的发送。但是在发送方从冻结恢复正常状态的处理过程中，两种协议存在一定的差异，TCP-F 利用中间节点返回的路由重建通告和路由失效定时器触发恢复过程，而 ELFN 则通过发送方对路由重建状态的主动探测来实现。

SenTCP[85]是应用于无线传感器网络中的一种逐跳的开环拥塞控制协议。该协议中，传感器节点利用本地的缓存队列长度和分组到达间隔时间来检测拥塞，并以逐跳的方式向上游节点反馈拥塞状态信息。上游节点则根据接收到的拥塞状态信息调整数据的发送速率以缓解拥塞。

ESRT[86]则采用了端到端和逐跳方式相结合的拥塞控制方法，利用节点的本地缓存队列长度及其变化趋势来检测拥塞状态，并通过设置发送消息头部中的标志位向 sink 节点进行拥塞通告。然后由 sink 节点根据消息的接收速率以及拥塞通告信息计算下一周期内各节点的期望发送速率，并以广播的方式通知所有节点进行速率的调节以缓解拥塞。

CODA[87] 也是一个用于传感器网络的拥塞控制协议，它将基于接收者信道采样的拥塞检测、开环逐跳背压及闭环多源调节机制相结合，实现合理的拥塞控制。该协议中设定了一个吞吐量的门限值，当源端数据速率超过该门限值时，源节点利用 sink 节点的 ACK 反馈执行闭环控制，即依据能否正确接收到 ACK，源节点相应地做出保持或降低当前发送速率的决策；反之，发送速率将由源节点自行调节。为了提高接收端拥塞检测的准确程度，CODA 综合了缓存占用情况和信道负载信息作为判断的依据。节点一旦检测到拥塞，就会立即产生抑制消息并通过背压机制逐跳地向源节点扩散。在抑制消息传播的过程中，途经的节点将相应地降低本地的发送速率。

Fussion[88] 是一种综合了逐跳的流量控制、源速率限制以及带优先权的介质访问控制机制的跨层拥塞控制方案。该方案通过信道采样和缓存队列长度监测来判断拥塞状态，发现拥塞时，节点设置拥塞标志并通过背压方式进行逐跳的流控，迫使上游节点降低速率以减少丢失和无效重传。源速率限制则采用令牌桶来调节各节点的速率，从而解决与接收节点相隔不同距离的不同源节点之间的公平性问题。而介质访问控制机制实际上是通过在共享介质的竞争和分配时，为缓存压力更大的节点赋予更高的优先级以避免节点的缓存溢出。

LFC[89] 是一个面向星际网络的异步拥塞控制算法，采用了逐跳方式的流控机制。该算法以公平均分带宽作为发送方速率的基本控制策略，通过一个被称为可用时间表信息 ATI（Availability Timeline Information）的显式反馈将各个数据流的剩余持续时间、当前发送速率以及链路容量、节点可用缓存等本地资源信息向源节点进行通告，从而触发相应的速率调整。

STCP[90] 协议采用了与 RED 类似的方法，根据节点的队列长度为缓存中的消息设置拥塞标记。该协议为节点的队列长度分别设置了一个上限值和一个下限值：当节点队列长度小于下限值时，表示网络状态正常，不设置拥塞标记；而当节点队列长度超过上限值时，表示严重拥塞，所有经过该节点的消息均要加上拥塞标记；若节点队列长度落在上下限值之间，则节点以一定的概率为消息设置拥塞标记。根据收到的拥塞标记信息，sink 节点再向源节点进行通告，源节点则通过降速或转移路径来缓解拥塞。

Buffer-based[91] 是一种基于轻量级缓存管理的拥塞避免机制。该机制下的每个节点在发送消息的同时向邻居节点通告自身的缓存占用情况，邻居节点根据该信息做出是否继续发送数据的决策。在拥塞发生时，该机制可以逐跳地抑制各中间节点的转发速率，最终达到降低源端发送速率的目的。

3. 基于资源调度的拥塞控制机制

基于资源调度的拥塞控制机制的基本思想是通过对网络资源的合理分配和有效利用，避免用户需求超过网络可用资源总量。这类方法通常采用基于优先级的转发或丢弃调度、资源预留或负载转移等方式来实现。下面介绍典型的协议。

A. Grundy 和 M. Radenkovic 提出了一种环境感知的转发算法 CAF′e[92-94]。该算法根据节点的可用性和连通性指标，通过接触管理和拥塞管理两个核心模块来选择优先转发的消息以及合适的下一跳转发节点。其中，接触管理模块利用节点中心性、节点间的接触强度以及与目标节点接触的相似性计算相应的效用，确定消息的转发顺序以及下一跳节点的优先级；而拥塞管理模块则通过节点的剩余缓存空间以及消息在节点上的停留时延来判断网络的拥塞状态，并自适应地确定节点的发送速率。

刘耀、王建新和黄元南 [95] 提出了一种基于节点社会属性的负载感知路由算法 SBLAR，将节点在网络中的介数中心性和节点间的相似性作为节点的社会属性度量，而将节点的消息丢弃数量作为其负载度量，并分别定义了社会属性增益因子和负载增益因子来衡量以上两种度量对路由决策的影响程度，利用增益因子较大的度量来确定中继节点的选择。同时，SBLAR 算法还能根据节点的负载状态将消息向负载较轻的节点分流，避免了网络流量过多地集中到少数的活跃节点造成的局部拥塞。

刘耀等 [96] 根据微观经济学中的边际效用递减规律，提出了一种基于消息传播状态的缓存管理方法。该方法包含缓存替换和缓存调度两部分，通过估计消息的副本数量及其在网络中的传播速率来确定消息丢弃和转发的优先顺序。在发生拥塞时，节点优先选择具有较大副本数量及较高传播速率的消息进行丢弃；而在转发决策时，则赋予副本数量较少且传播速率较高的消息更高的转发优先级。仿真实验证明该方法有效地控制了网络开销，获得了较高的消息到达率。

Lindgren 等人提出了 4 种基本的消息丢弃算法：Drop-Oldest（DO）、Drop-Youngest（DY）、Drop-Front（DF）及 Drop-Last（DL）[97]。其中，DO 和 DY 以消息的生存时间作为丢弃决策的依据，当缓存不足时分别选择丢弃剩余生存时间最短和最长的消息；DF 和 DL 则根据消息到达缓存队列的时间选择丢弃的消息，在需要进行消息丢弃时将分别优先考虑最先收到和最后收到的消息。

GBD（Global Knowledge based Drop）[98, 99] 是一种基于网络全局信息的消息丢弃策略。对于任意的消息 i，节点通过收集在时间 T_i 范围内遇到过消息 i 的节点个数 $m_i(T_i)$ 以及当前携带消息 i 的节点个数 $n_i(T_i)$ 来计算各消息的效用值。在拥塞时丢弃效用值最小的消息，以达到消息达到率的最大化以及交付延迟的最小化。Li Yong 等人也提出了一个类似的自适应的缓存管理协议 AOBMP[100]，所不同的是该协议利用一个与节点的相遇历史信息（相遇间隔时间和相遇持续时间）相关的效用函数来选择要丢弃的消息。

Sulma Rashid 等人针对消息长度不等的情况，根据消息的大小进行丢弃选择，提出了一系列缓存管理策略，如 Drop Largest（DLA）[101, 102]、T-Drop[103]、

E-Drop[104] 以及 MeanDrop[105] 等。DLA 选择丢弃缓存中长度最大的消息以求通过最少的丢弃数量最大限度地缓解拥塞；E-Drop 在节点无法容纳新到达消息时，从缓存中选择长度大于等于新消息的消息进行丢弃；T-Drop 则预先设定一个长度范围 T，当节点发生拥塞时，选择丢弃长度落在此范围内的消息；而 MeanDrop 在缓存不足时，节点计算其缓存中消息的平均长度，然后优先丢弃长度大于等于该均值的消息。这几种算法的基本思想都旨在为短消息提供更多的转发机会，减少拥塞发生时的消息丢弃和重传，提高消息交付的成功率。

Li Y. 等[106] 提出一个基于消息转发次数的丢弃策略，解决采用多副本路由机制的 DTN 环境下的拥塞问题。该策略的主要思想是，消息的转发次数越多，其已获得的资源也越多，成功交付概率也越高。因此可为转发次数少的消息提供更多的转发机会以提高网络的整体消息到达率。具体来说，每个消息将携带一个字段记录自己的转发次数，消息每经历一次转发，其转发次数值则增加1。当缓存空间不够时，节点将首先舍弃缓存队列中转发次数超过某个阈值 N 的消息以释放空间。

Lertluck Leela-amornsin[107] 中提出了一种启发式的基于信誉的拥塞控制算法 CCC。其基本思想类似于 DO，即认为接近过期的消息应该优先丢弃。算法中每个消息具有一个信誉值，该信誉值最初由源节点赋予并随时间递减。同时，当某个消息在任意节点对之间发生复制传输时，通过一个偿还和增补机制分别降低发送节点携带的该消息副本的信誉值而增加接收节点携带的副本的信誉值。在节点缓存满时，信誉值最低的消息将被优先从缓存中移除。

Seligman 等人还提出了存储路由 SR（Storage Routing）[108-110] 的概念，利用网络的分布式存储能力，将拥塞节点处的部分消息向缓存空间充足的邻近节点转移，从而释放部分空间来缓解拥塞。SR 包含节点选择、消息选择和取回选择三个算法，其中节点选择算法根据转移消息的开销来选择合适的迁入节点，该转移开销定义为存储开销和传输开销的总和；消息选择算法则采用与主动队列管理中选择丢弃消息类似的方法，确定待转移的消息并推送到由节点选择算法指定的目标；最后，当拥塞解除之后，消息的迁出节点通过取回选择算法从之前转移出去的消息中优先选择价值更大的消息，并将其从当前的存储位置以拖拽的方式重新迁回，继续履行其传输职能。

目前还有其他基于存储转移思想的拥塞控制协议[111, 112]。

1.3.3 可靠性机制对 DTN 拥塞控制的作用

通常，网络传输的可靠性是指网络系统确保数据正确地按照发送顺序传递，且不出现丢失和重复现象的能力。可靠性是许多具体应用的实现基础，然而由于网络底层采用的是不可靠的数据传输服务，网络节点的故障、链路的不稳定性以及节点缓存溢出等因素导致数据丢失、传输差错和延迟问题极易发生。因此，可靠传输一直是网络协议特别是传输层协议设计中必须解决的基本问题。实现可靠性的最重要技术手段是确认和自适应重传机制，即为了确保消息的可靠到达，接收方收到消息时必须向发送方返回一个确认进行通告。发送方在发送消息后随即启动一个计时器，若在该计时器超时前收到相应的确认，则将得到确认的消息从缓存队列中移除，否则发送方将通过重传方案来补偿数据的丢失。因此，发送方发出消息后，已发消息并不能马上丢弃，而是在得到来自接收方的确认之前必须继续保留在缓存队列中以备重传之需。由此可见，实际上确认不仅仅起到了通告消息是否成功交付的作用，其迅速的反馈还能使得发送方及时地删除已到达的消息，释放缓存空间。

对于延迟容忍网络而言，网络连接的频繁中断使得数据通信只能通过节点间机会性的接触，采用存储—携带—转发的方式来实现，即节点在可用的下一跳转发节点出现之前，将不得不持续性地对消息进行存储携带以等待合适的转发机会。这无疑大大增加了消息对节点缓存的占用时间，降低了网络吞吐率。同时，为了保证消息交付的成功率，在 DTN 中还通常采用多副本路由策略，利用复制的方式在节点间进行消息的传递。然而，由于 DTN 节点资源严格受限，消息的复制方式势必会加速节点缓存的消耗。显而易见，一方面，节点缓存消耗速度极快；另一方面，节点无法迅速将消息转发出去来及时释放缓存空间，这极易导致网络拥塞的发生。而通过消息确认，可以让节点终止对已到达消息的复制，并迅速删除其副本释放资源。这降低了消息的冗余度，减少了无效的消息传输和资源消耗，达到了提高网络吞吐率和资源利用有效性的目的。因此，确认机制在一定程度上对避免和缓解网络拥塞现象能够起到积极的作用。

传统网络通过 TCP 协议提供了一个完全可靠的(没有数据重复或丢失)、面向连接的、全双工的流传输服务。每一个 TCP 连接可靠地建立，友好地终止，并保证在终止发生之前的所有数据都会被可靠地传递。然而，TCP 是一个端到端协议，提供一个直接从源端应用到目的端应用的连接服务。它无法适应大往返延迟、不存在持续稳定的端到端路径的 DTN 环境。因此，如何设计 DTN 中的可靠性机制使之适应这种特殊网络环境，同时为 DTN 的拥塞控制提供有力的支持，也成为 DTN 拥塞控制机制研究中一项有意义且极富挑战性的工作。

目前，现有的可靠性机制可大致分为逐跳(Hop-by-hop)方式和端到端(End-to-end)方式两类。

1. 逐跳的可靠性机制

逐跳的可靠性是指在一跳范围内的可靠性，即通过相邻的通信节点间点到点的确认和重传机制实现差错和丢失的恢复。在端到端连接无法保证的情况下，逐跳的可靠性机制不失为端到端的可靠性机制的一种可行的替代方式。例如，DTN 的 BP 协议中提出的保管传输 CT (Custody Transfer)机制[113]就可以看作一种近似的逐跳的可靠性机制。该机制通过将消息及其相应的可靠投递职责从源端节点向最终目的节点的逐跳转移，达到尽快释放发送端存储资源、保证消息可靠传输的目的。沿途接收到某个消息并同意承担可靠投递职责的节点被称为该消息的保管节点。当存在可用的下一跳链路时，当前的保管节点向下一跳节点请求进行保管传送并启动重传定时器。若下一跳节点接受消息的保管，它将立即返回一个应答给当前保管节点。若该应答在重传定时器超时时未能及时返回，则当前保管节点将重发请求保管信息。否则，当前保管节点将转发该消息，下一跳节点成功接收后也将向当前保管节点发送一个保管确认，从而接替其成为新的保管节点，履行可靠投递的职责。

LTP 协议[114] 是 DTNRG 为解决点到点环境下长延时和中断问题提出的一个汇聚层协议，它为单跳连接环境下的通信提供基于重传的可靠数据传输。LTP 将多个数据单元封装成数据块，采用"一个 ACK 对应一个数据块"的确认策略，即节点在数据块中加上检验点 CP（Checkpoint）标记，当接收方收到 CP 时，立即发回一个 RS（Report Segment）对 CP 进行确认，报告数据接收的情况。如果超过指定时限都没有正确地收到数据或确认，发送方将启动数据重传过程。

其他典型的采用逐跳方式的可靠传输协议包括 Wan 和 Campbell 提出的 PSFQ 协议[115]，Park 等人提出的 GARUDA 协议[116]，以及 Zhang 等人提出的 RBC 协议[117] 等等。其中 PSFQ 的基本思想是在逐跳传输消息时，上一跳节点以较慢的速率进行消息发送，下一跳节点检测到丢失时，通过向上一跳节点返回一个 NACK 来请求重传。GARUDA 则对基于单纯的 NACK 的确认机制进行了改进。该协议利用 WFP（Wait-for-First-Packet）脉冲确保第一个消息能被所有节点正确接收，并通过第一个消息在网络中的传输来确定各节点到 sink 节点的跳数。距离 sink 节点跳数为3的倍数的节点被选择为 core 节点，而当这些 core 节点侦听到具有相同跳数的其他 core 节点时，则选择第一个侦听到的 core 节点作为自己的 core 节点，否则选择自己作为 core 节点。消息传输过程中若发生消息的丢失，节点通过向上游的 core 节点发送 NACK 请求重传来实现丢失的恢复。与前两者不同，RBC（Reliable Bursty Convergecast）协议则采用 ACK 实现逐跳的可靠性，同时通过多个不同优先级的队列来管理新分组和未经确认的分组，并采用无窗口的块确认模式来提高信道的利用率。此外，RBC 通过有区分的信道争用来控制和调度分组的重传，大大降低了新分组和重传分组间的信道争用冲突。

早在1976年，Gitman 在关于无线网络的研究中就发现，逐跳的可靠性机制在多跳路径、易丢失链路环境下能获得较短的延迟和较高的利用率[118]。此外，该方式也使得节点缓存能够得到尽快释放，从而减少资源的竞争。然而，它并不能完全保证消息的可靠交付。

2．端到端的可靠性机制

端到端的可靠性是通过直接在源端节点和目的端节点之间的丢失恢复操作来实现的，与中间节点无关。该机制利用接收节点给发送节点的端到端反馈确定消息交付的状态，而发送节点则据此做出消息重传或删除消息释放缓存的决策。

RMST（Reliable Multi-Segment Transport）[119] 是一个基于定向扩散路由协议的可靠传输协议，它采用 SNACK（Selective Negative ACKnowledgement）来提供端到端的可靠消息传输保证。该机制包含两种模式：非缓存模式和缓存模式。非缓存模式下，消息传输的可靠性仅由源节点和 sink 节点负责；而缓存模式实际上对应于逐跳的可靠传输，是非缓存模式的一种补充。

STCP（Sensor Transmission Control Protocol）协议[90] 将网络数据流划分为连续流和事件流，并对不同类型的数据流的可靠性做了区别定义。其中，连续流的可靠性表示为一定间隔内 sink 节点实际接收的消息数与期望接收的消息数的比值。sink 节点根据连续流的发送速率估计各个消息到达的预期时间，若消息未在其预期时间内到达且当前可靠性低于期望值，则 sink 节点向源节点发送 NACK 以请求重传。而事件流的可靠性则定义为 sink 节点当前收到的消息数与当前成功接收的最大消息序列号的比值。此时，sink 节点采用肯定性的 ACK 为成功接收到的消息向源节点提供确认。

SCPS 协议 [120] 是空间数据系统咨询委员会（CCSDS）于 1999 年为适应深空通信环境下大延迟、高误码率的特点，在 TCP/IP 协议基础上发展出来的一套空间通信协议。其协议簇中的 SCPS-TP 负责提供传输层端到端的可靠传输服务，对在不可靠路径上传输的遥控遥测信号传输进行优化。它采用了 SNACK 与报头压缩技术来减小误码率，并通过增大拥塞窗口来适应空间通信的大延迟要求。

TP-Planet[121] 是为行星际骨干网络设计的一个星际因特网传输协议，它可以作为传输层协议直接应用到现行的 CCSDS 协议栈和 DTN 束层协议栈中而无须对底层协议做任何修改。为了保障传输的可靠性，TP-Planet 协议中使用了 SACK 选项来应对突发的消息丢失。同时，针对星际网络骨干链路带宽不对称的问题，该协议还采用了延时 SACK 机制。这个机制下的源端节点利用一个延时因子来控制 SACK 包的发送，而当目的节点检测到新的消息丢失时，则立即返回 SACK 包。通过延缓源端确认消息的发送，达到降低反向信道流量、避免拥塞发生的目的。

其他典型的端到端可靠传输协议还有 DTTP[122]、DS-TP[123]、DACK[124] 等。

1.4　研究目标与研究内容

目前，DTN 已经得到了广泛的关注，但是大多数研究工作都集中在对路由问题的设计和优化方面。拥塞控制是提供网络 QoS 保障的关键技术，然而 DTN 网络应用的多样性使其存在诸多与传统网络截然不同的条件约束，因此，实现 DTN 中的拥塞控制具有极大的挑战性。本书的研究旨在针对不同的 DTN 应用环境，设计符合其网络特性、能满足具体的应用需求的拥塞控制机制，从而达到提高消息的交付比例、降低网络开销的目的。本书主要从以下几个方面对 DTN 中的可靠性及拥塞控制机制进行研究。

1.4.1　基于拥塞程度的端到端确认机制

消息重传和确认机制是网络传输可靠性的主要保障手段。但是在 DTN 环境下，连接的间歇性大大地削弱了传统的重传机制的作用。多副本路由策略虽然能在一定程度上降低消息丢失对交付性能的影响，但是同时也导致了更大的资源消耗。消息确认机制在通告消息交付状态的同时，还能促使节点移除冗余的消息缓解缓存压力。部分现有的 DTN 确认机制为了加快确认消息的反馈速度，采用了较为激进的传播方式，从而招致了大量重复的传输；另一些确认机制试图降低网络开销，却造成了确认传输延迟过大的缺陷。我们针对这一系列问题，研究如何设计一种端到端的确认机制，利用网络的拥塞状态信息自适应地调整确认消息的传播方式，有效地平衡存储开销和延迟性能，实现消息到达率的优化。

1.4.2　基于概率接纳和丢弃的拥塞控制算法

作为一个跳到跳的网络体系，DTN 环境下的拥塞控制并不适合采用传统的端到端方式来实现。许多研究者利用局部的网络信息来追踪网络的拥塞状态，通过本地节点对消息的接收、丢弃或调度等方面的控制，优化网络资源的分配，达到避免或缓解拥塞的目的。然而，网络拥塞是多方面因素共同作用的结果，现有的拥塞控制机制往往仅从单一的方面出发而缺乏全面的考虑，因此，造成这些机制的性能不佳或只适用于特定的环境。我们针对上述问题，研究如何综合对新消息的接纳控制以及缓存消息的丢弃决策，设计一种基于概率接纳和丢弃的拥塞控制方法，以较小的开销提高消息的到达率和延迟性能。

1.4.3　基于订阅时效的缓存管理机制

以内容为中心的机会网络用发布订阅的方式取代了传统网络的基于主机的通信方式，用户在网络中广播自己感兴趣的数据类型，并根据各自的订阅兴趣来连接到相应的内容空间，获取相应的数据内容。这种网络环境下，数据的分发大多通过多副本路由方式利用机会性的节点接触来实现。为了避免存储资源的过度消耗导致的拥塞问题，消息丢弃机制是一种常见的解决方法。现有的研究通常假设用户的订阅兴趣是长期不变的，然而实际情况是订阅兴趣往往具有不同的持续时间。针对这一问题，我们研究如何利用现有丢弃机制中常用的测度并结合订阅兴趣的时效性来优化消息的丢弃决策，从而实现有效的拥塞控制，提高网络的整体性能。

1.4.4　基于节点介数的拥塞感知路由算法

确定性的 DTN 网络中，节点的运动轨迹通常具有一定的规律性或可预知性，利用这一特性，消息的转发路径可以通过构建一个与时间相关的拓扑序列，采用经典的最优路径算法预先确定。然而，这种方法的主要问题在于路由的选择缺乏随网络状态进行动态调整的自适应能力，实际应用中往往导致严重的网络负载不均，使得部分节点的资源消耗过快，从而引发网络的局部拥塞。为此，我们研究如何设计一种自适应的路由算法，利用合适的测度来反映节点的拥塞状态，并根据拥塞程度动态地选择转发路径，有效地均衡负载，避免由于拥塞造成的传输瓶颈。

1.5 本书组织结构

本书从 DTN 的体系结构和网络特性出发，针对 DTN 环境下的可靠性和拥塞控制机制展开了深入的研究。本书共分6章，组织结构如图1-5所示。

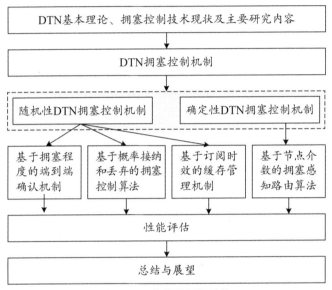

图1-5 本书的组织结构

各章节的内容安排具体如下：

第1章概述 DTN 的基本概念和相关背景，包括体系结构、路由技术、应用领域等主要特性，然后分析拥塞控制技术的研究现状以及面临的主要挑战，确立我们的研究目标和内容框架。

第2章讨论确认机制对于 DTN 拥塞控制的重要作用，着重分析目前 DTN 中确认机制存在的主要问题，指出端到端可靠性对于 DTN 的必要性，并提出一种基于拥塞程度的端到端确认机制。仿真结果证明，在采用多副本路由策略的网络环境下，该机制有效地缩短了确认消息的分发延迟，控制了网络的消息副本总数，降低了存储开销，从而显著地提高了消息的到达率。

第3章针对 DTN 中消息复制造成的资源消耗过大的问题，提出一种概率接纳和丢弃算法 PAD，利用缓存队列长度及输入输出速率来检测拥塞状态，指导节点的消息接收和丢弃决策，实现有效的拥塞控制。同时，该章还构造一个连续时间的马尔科夫生灭模型对消息的到达率进行理论分析。仿真实验和理论结果均证明该算法提高了消息到达率及延迟性能。

第4章介绍内容中心的容迟容断网络的特点，并针对这种特殊的应用环境提出一种基于订阅时效的缓存管理机制。该机制利用发布订阅系统中用户订阅兴趣的有效时间合理地进行消息的丢弃，有效地缓解了网络拥塞，提高了网络的传输性能。

第5章分析确定性 DTN 网络环境中的主要路由方法，针对现有路由协议无法根据网络通信量的实际分布动态调整转发路径，从而容易造成负载失衡发生拥塞的缺陷，提出一种基于节点介数的自适应路由算法。该算法能有效地均衡负载，降低网络瓶颈的出现概率，保证较高的消息交付性能。

第6章对全书进行总结，并对该领域今后的研究工作进行展望。

第 2 章　基于拥塞程度的端到端确认机制

在采用多副本转发策略的 DTN 网络中，通常不存在确认或者仅仅采用逐跳的确认机制[125]。这使得源端无法确定消息是否成功地到达了目的端，所以即使在消息已经成功交付的情况下，节点仍然不能及时地通过删除已达消息来释放缓存，造成大量的冗余消息副本充斥整个网络，导致严重的资源浪费。因此，提供有效的端到端确认对于 DTN 网络仍然是相当必要的。然而，现有的 DTN 网络的端到端确认方法大多存在资源消耗过大或确认传播延迟过长等明显的缺点，从而无法取得令人满意的实际效果。

本章提出一种基于拥塞程度的端到端确认机制 CL-ACK（Congestion Level based end-to-end ACKnowledgement），根据节点的拥塞状态，动态地选择确认消息的转发方式。大量的实验证实该机制能有效地抑制网络中消息副本数量的增长，实现网络开销与延迟性能的合理平衡，并最终获得较高的消息到达率。

2.1　DTN 确认机制概述

端到端可靠性是网络通信中极为重要的问题之一，传统网络中通常是通过确认和重传机制来加以解决的。而由于网络的频繁中断，确认消息往往无法及时返回，从而大大降低了重传机制的有效性。确认机制可以使节点移除冗余的消息，减少资源消耗，并保障传输的可靠性。针对无线网络环境，研究者们已经提出了大量的确认机制 [115, 119, 124, 126, 127]。然而，这些机制大多建立在短延迟、低误码率、低丢包率、存在持续端到端路径等一系列 DTN 无法满足的物理链路假设之上。

考虑到网络的间歇性，一些研究者提出通过逐跳的方式来保证可靠传输的性能。保管传输 CT（Custody Transfer）[22, 113] 提出了一种逐跳确认的方法来解决可选的可靠数据传输问题。该机制非常类似于邮政系统的信件投递，源端节点将消息转发给下一跳节点的同时，也将保证该消息可靠传输的责任进行转交，试图通过逐跳的可靠来近似地达到端到端可靠的效果。然而逐跳的机制仅能为网络提供不完全的可靠性保证，在故障或差错频繁发生的网络环境下存在较严重的问题。同时，节点往往无法确定消息是否已经成功地到达目的端，从而使得重传缓存也得不到及时的释放。G. Papastergiou 等 [128] 通过大量的理论分析和实验证明，由于缺乏对网络可用资源的全局认识，采用逐跳方式的可靠性方法是无法保证消息的可靠交付的。因此，又有一些针对 DTN 环境的端到端确认机制被相继地提出。根据 ACK 的转发方式，我们把它们分为主动型确认和被动型确认两类。

2.1.1　主动型确认（AACK）

在主动型确认机制中，每当一个消息 M 成功地从源端 S 传输到目的端 D，D 将生成并向 S 反馈一个对应的确认消息 R。确认消息 R 与消息 M 一样采用"传染转发"的方式进行传递。具体来说，当某个携带有确认 R 的节点 A，遇到另一个未携带确认 R 的节点 B 时，A 将对 R 进行复制并把副本转发给 B。确认消息表示某个消息的正确接收，因此收到确认消息的节点(源节点或中间节点)可以相应地删除本地缓存内存储的对应消息并拒绝再次接收该消息，从而达到节约网络资源的目的。

现有的绝大部分端到端确认机制都属于主动型确认机制。例如，Wood L. 等 [129] 提出的 Saratoga 协议就采用了选择性否定确认（SNACKs）机制来完成基于 UDP 的 IP 数据包传输，然而该协议在某些情况下无法保证传输的可靠性。DS-TP 协议 [123] 则针对深空通信链路出错率高的特点，利用二次自动重传机制来对链路差错提供主动保护。但是该机制容易造成过大的冗余传输，从而导致存储消耗和端到端传输延迟的增加。SCPS-TP 协议 [120] 扩展了 TCP 协议的主要功能，并通过一个基于 SNACKs 的开环速率控制机制来适应深空通信链路的特殊性。Ali 等人 [130] 提出的 G-SACKs 机制在 ACK 中携带所有目的节点成功接收消息的全局信息，从而缓解 ACK 与数据消息之间的资源竞争，并在中继节点处对数据消息进行线性编码以加快消息的到达。Seo 和 Lee[131] 提出了一种可靠性算法，每个节点携带一张位置信息表并通过相互交换来逐步完善信息，目的节点通过最终得到的完整位置信息来确定 ACK 的最佳返回路径，而无须采用洪泛的方式。但是这两种机制均要求网络拓扑相对稳定，并不适用于 DTN 的随机、高动态环境。

2.1.2　被动型确认（PACK）

为了解决网络开销过高的缺陷，被动型确认机制中确认消息以被动方式进行复制传输。当消息 M 到达目的节点后，只有仍然携带有该消息的副本的节点才可能从其他节点收到相应的确认消息 R；换句话说，这里 R 不会被主动地发送，而是被动地等到遇上携带 M 副本的活动节点时才向其复制 R 的一个副本以阻止对方继续传播 M 的企图。

Small 和 Haas[132] 提出了 5 种可行的方法来移除网络中冗余的消息副本：JUST_TTL、FULL_ERASE、IMMUNE、IMMUNE_TX 以及 VACCINE。其中 IMMUNE_TX 利用一种被称为 "antipacket" 的确认消息在遇到携带了相应的已到达消息的节点时防止无效的传输并指示节点删除冗余的消息。Khaled 等 [77] 提出了一种被称为被动收据（Passive Receipt）的端到端可靠性方法。该方法中确认消息只向缓存中仍包含已到达消息的节点进行复制，从而避免不必要的消息传输。

主动型确认机制采用类似泛洪的方式来传播确认消息，所以总的传输延迟和排队时间都较短，然而由于消息副本总数很难控制，节点的资源可能因此而被迅速耗尽。与之相反，被动型确认机制下的消息副本数量远远低于主动型确认机制，因此，网络开销大大降低。但是，确认消息传播的被动性同时也导致了通信机会的减少，从而显著地增大了确认消息的传输延迟。我们希望结合主动和被动两种类型的确认机制，找到一种能根据网络状态来自适应地调整确认消息的传播方式的新方法，从而有效地平衡传输的延时性能和资源消耗并提高消息的到达率。

本节我们通过一组仿真实验来揭示拥塞状态对上述两种机制的消息到达率的影响。我们设定消息大小为 100KB，节点缓存均为 1MB，节点数量分别为 126 个和 250 个。实验中通过缩短节点消息生成的间隔时间来模拟网络拥塞加剧的效果，并比较它们的消息到达率。从图 2-1 中可以清晰地看到，随着拥塞程度的加剧，两种方式下的消息到达率都呈明显的下降趋势。但是由于主动型确认机制下确认消息的激进传播使得消息副本数量进一步增加，拥塞程度相比被动型确认机制更为严重，因此到达率的下降也更为剧烈。在消息生成间隔时间小于 10 s 时，主动方式下的消息到达率明显低于被动方式。相反，被动型确认机制下产生的确认副本数量大大少于主动型确认机制，然而确认消息的端到端延迟却显著地增加，从而降低了确认消息抑制冗余开销的效果。

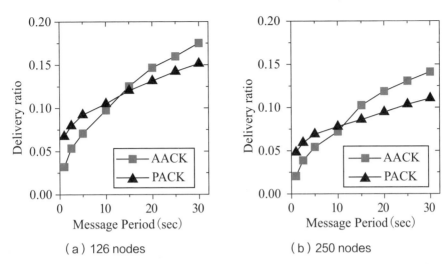

（a）126 nodes　　　　　　　　（b）250 nodes

图 2-1　节点缓存为 1MB，采用 AACK 和 PACK 时消息到达率随拥塞程度的变化

上面的实验结果说明主动型确认机制和被动型确认机制的性能对网络拥塞状态是敏感的。主动型确认机制更为激进，带来的网络开销较大，更容易造成网络拥塞而影响消息的到达率；而被动型确认机制下网络开销相对较小，但是传播方式过于保守。因此，本章提出一种基于拥塞程度的端到端确认机制——CL-ACK。我们利用网络的拥塞状态作为触发条件来实现确认消息传播方式的自适应切换，即在网络不拥塞或轻度拥塞时采用主动型确认机制，而当拥塞严重时则切换至被动型确认机制，防止网络拥塞的加剧。

2.2　CL-ACK 机制

根据上面的设计思路，我们提出一种基于拥塞程度的端到端确认机制。本章的以下内容中，我们用 N_i 表示网络中的第 i 个节点，R_i 则代表消息 M_i 的确认。

为了准确地跟踪网络的拥塞状态变化，需要选择合适的度量。限于 DTN 网络的连接的间歇性，实时地获取全局信息来评估网络的拥塞状态是不切实际的。然而 DTN 节点可以通过节点间的相互接触来收集相关的网络信息并据此推断网络拥塞的全局状态。因此，我们采用节点的本地信息代替全局信息实现拥塞程度的检测。与拥塞状态相关的度量指标很多，比如丢包数、副本数、缓存占用率等等。单一的度量往往无法准确地反映出实际的网络拥塞情况。Thompson N. 等[81]对能反映网络拥塞程度的性能指标进行了大量的分析比较，结果证明，当拥塞加剧时，丢包数和缓存占用率随之增加，而确认数和消息副本数则随之减少。然而，即使在轻度拥塞的情况下，缓存占用率也通常接近100%；而端到端路径的缺乏往往使得确认消息的传输并不可靠而且延迟较大。因此，丢包数和消息副本数更适合节点作为拥塞的指示来追踪网络的拥塞状态变化。在我们的算法中也采用了与之相同的度量来估计网络的拥塞程度，即节点首先在本地对丢弃的消息总数（drops）和接收到的消息副本总数（reps）进行统计，然后计算二者的比值作为拥塞程度的评估值 CV。为了使得本地信息更接近网络的全局信息，在两个节点相遇时应该交换各自的测量值，将对方的测量值也考虑进来。换而言之，若两节点（N_1 和 N_2）相遇，它们会将各自统计的丢包数或消息副本数更新为 N_1 和 N_2 的丢包数或消息副本数之和。对于丢包数而言，直接统计各节点丢弃的消息数量即可，而对于消息副本数则不尽相同，因为在传染路由机制下，消息每转发一跳，副本数量就会增加一个，因此，每个消息的转发跳数还能进一步提供关于该消息副本数的相关信息。所以，为了更准确地得到消息副本数量的全局信息，我们不能仅仅考虑该节点所接收到的消息总数，而应该考虑节点接收到的所有消息的转发次数之和。具体的计算方法见式(2-1)和式(2-2)，以节点 N_1 为例。

$$N_1.drops = N_1.drops + N_2.drops \tag{2-1}$$

$$N_1.reps = N_1.reps + N_2.reps + N_2 \cdot \sum_{m \in stored\ messages} \left(hops(m) - 1 \right) \tag{2-2}$$

计算拥塞程度的评估值 CV 时，我们使用加权移动平均值（EWMA）来消除 CV 值短期震荡的影响，如式 (2-3) 所示。

$$CL = \alpha \cdot (drops / reps) + (1-\alpha) \cdot CL_{previous} \qquad (2\text{-}3)$$

其中，α 为平滑因子。根据计算得到的 CV 值和缓存占用率，节点自主地决定确认消息的转发方式。下面我们将对 CL-ACK 机制的执行过程进行详细的描述。

该机制下消息的传输采用类似于传染转发的方式，每个节点都设置相当的缓存保存要传送的消息，并为消息的集合建立索引，同时周期性地计算一个表征网络拥塞程度的拥塞值 CV，并将消息索引和 CV 值构成一个矢量表 SV。两个节点相遇 (彼此进入对方的无线通信半径) 时，交换彼此的 SV，节点根据 SV 的比较结果来确定应向对方发送的消息。当某个消息 M_i 成功到达目的节点后，随即由目的节点产生相应的确认消息 R_i 以指示 M_i 的成功交付。

假设任意节点对 N_1 和 N_2 相遇，其中仅 N_1 携带有确认 R_i，则对 R_i 的处理可分为下面两种情况：

(1) 第一种情况是 N_2 携带有 M_i 并试图发送给 N_1。此时 N_1 将主动地向 N_2 发送 R_i 的一个副本以阻止其对 M_i 的传输。N_2 收到 R_i 后则从缓存中删除 M_i 释放缓存。

(2) 第二种情况是 N_2 也未携带 M_i。此时节点根据网络的拥塞程度来决定 R_i 的转发方式。若 N_2 当前的空闲缓存相对充足 (缓存占用率小于某个阈值 β)，或者 CV 的当前值小于上次的估计值，表明节点尚未拥塞。于是 N_1 主动向 N_2 复制 R_i，通过主动方式增加确认转发的机会，以缩短端到端延迟；反之，若节点缓存的使用已接近饱和 (缓存占用率超过 β)，或者 CV 值大于上次的估计值，说明网络拥塞已经发生并存在加剧的趋势。这时 N_1 选择被动方式，不向 N_2 复制确认消息，以避免主动传染，进一步恶化网络的拥塞状态。通过网络的拥塞状态信息，节点自适应地调整确认消息的转播方式，以达到存储消耗和端到端延迟性能的平衡，并提高消息的整体到达率。

实验中我们按照 De Rango 等[89]关于平滑因子的取值将 α 设为 0.9，为最近的样本分配更高的权重以保持 CV 的更新。而对于阈值 β，取值太小可能使得节点过早开始丢弃消息，导致网络吞吐率和到达率的下降；取值过大又可能使得我们的算法对确认转发方式的调控出现滞后，造成在调控生效前节点资源可能已经耗尽的情况。本章中我们根据经验将 β 值设为 0.8。算法主要部分的伪代码如图 2-2 所示。

Algorithm1. NodeProcessEvent(*event*)
Require: *drops* = 0，*reps* = 0，*CL* = ∞
　　　　　　flag = 0，α = 0.9，β = 0.8
if *event* = Drop **then**
　　drops + +;
else if *event* = Receive Message **then**
　　reps + +;
else if *event* = Contact with node *N* **then**
　　drops = *drops* + *N.drops*;
　　reps = *reps* + *N.reps* + *N*.$\Sigma_{m \in \text{stored messages}}$ ($hops(m) - 1$) ;
　　CL = α (*drops* / *reps*) + (1 - α)$CL_{previous}$;
　　if the ratio of occupied buffer < β || *CL* < $CL_{previous}$ **then**
　　　　flag = 1;
　　else
　　　　flag = 0;
　　end if
　　if *N.flag* = 1 || *N* tries to send a message *M* whose ACK *R*
　　has been carried **then**
　　　　send *R* to *N*;
　　end if
end if

图 2-2　CL-ACK 算法主要部分的伪代码

2.3　仿真结果与性能分析

2.3.1　仿真环境

我们使用 ONE（Opportunistic Networking Environment）[133, 134] simulator 进行仿真实验。仿真实验中，我们分别采用了 RWP（Random Way Point）和基于地图（Map-based）的移动模型对节点的运动能力进行约束。其中基于地图的移动模型中采用了 ONE 默认的赫尔辛基城市地图，该地图定义了两类路径(公路和人行道)、三类移动节点(步行者、汽车、有轨电车)。步行者只能在人行道上运动，而汽车和有轨电车则只能沿公路行进，其中有轨电车只能在指定公路上来回行驶。具体的实验参数设置如表2-1所示。

表 2-1　实验参数设置

主要参数	参数值		
移动模型	RWP	基于地图的移动模型	
地图大小	4 500 m×3 400 m		
通信范围	150 m		
传输速度	2 Mbps		
节点数量	126	250	
消息大小	100 KB		
确认消息大小	5 KB		
消息生成间隔	25~35 s		
仿真时间	24 h		
节点移动速度	2.7~22.2 m/s	步行者：2~10 m/s	
		汽车：2.7~22.2 m/s	
		有轨电车：7~15 m/s	
节点缓存	各节点缓存大小相同	有轨电车的缓存为步行者和汽车缓存的 10 倍	

2.3.2 消息到达率的影响

消息的到达率是评估协议优劣的关键指标之一，本小节主要比较在不同节点缓存大小的情况下，3种端到端确认机制对消息到达率的影响，如图2-3所示。在计算到达率时，我们综合考虑了确认消息的到达率指标。从实验结果可以发现，由于PACK对确认消息的被动传输，使得其总体消息到达率较低。AACK采用了更为激进的传输方式，产生了过多的消息副本，尤其在节点缓存较小时严重地加剧了网络的拥塞程度，从而导致消息到达率的下降；而CL-ACK根据节点的拥塞状态自适应地调整确认消息的传输方式，有效地控制了网络开销，因而获得了较高的到达率。然而随着缓存空间的增大，网络的拥塞程度逐步减轻，因此AACK的到达率不断提高并逐渐与CL-ACK接近。

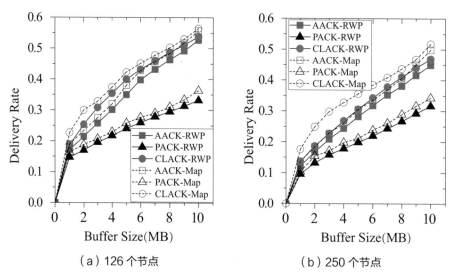

（a）126个节点　　　　　　（b）250个节点

图2-3　不同节点缓存大小，3种确认机制下获得的消息到达率

为了进一步说明CL-ACK根据拥塞程度的自适应调节机制在网络拥塞状态下的优越性，我们将节点的缓存大小设为1MB，并通过缩短消息生成间隔时间逐步地增加网络的拥塞程度。图2-4为3种确认机制在不同拥塞程度时获得的消息到达率情况。图中结果表明当网络未出现拥塞或拥塞状态较轻时，

CL-ACK 的消息到达率与 AACK 相近。而当节点缓存资源较紧张时，AACK 产生的消息副本数量过大，从而导致了严重的拥塞以及大量的消息丢失，最终造成消息到达率的下降；而 PACK 采用被动方式传播确认消息，使得消息副本数量明显减少。在节点资源受限的情况下，虽然无法避免拥塞的发生，但是造成的拥塞程度相对较轻。因此当消息生成间隔缩短时，AACK 的消息到达率的下降比 PACK 更加迅速。如图 2-4 所示，在拥塞较严重时(消息产生间隔时间小于 10 s)，PACK 的到达率性能反而优于 AACK。相比之下，由于 CL-ACK 能根据网络的拥塞状态自适应地调整确认消息的转发方式，在网络状态较好时采用与 AACK 相同的主动方式，加快了确认消息的扩散速度，增加了对消息数量的抑制效果，进而提高了消息的到达率；而当网络状态恶化时，节点自适应地切换到 PACK 的被动方式来抑制消息副本的增长，通过有效的拥塞控制降低了拥塞对消息到达率的负面影响。因此，CL-ACK 方式下的消息到达率明显高于其他二者。

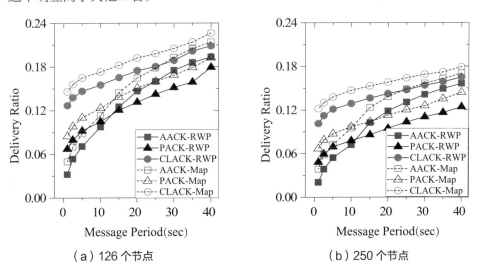

（a）126 个节点　　　　　　　　（b）250 个节点

图 2-4　节点缓存为 1MB 时，消息到达率随着消息生成间隔时间的变化

2.3.3 抑制网络消息总数的效果

本小节将主要考察分别采用 CL-ACK、AACK 和 PACK 时，网络消息总数随时间变化的情况。实验在节点数量为126个和250个的两种场景下，比较节点缓存大小分别为5MB、10MB 以及20MB 时3种机制下的网络消息总数，如图2-5所示。

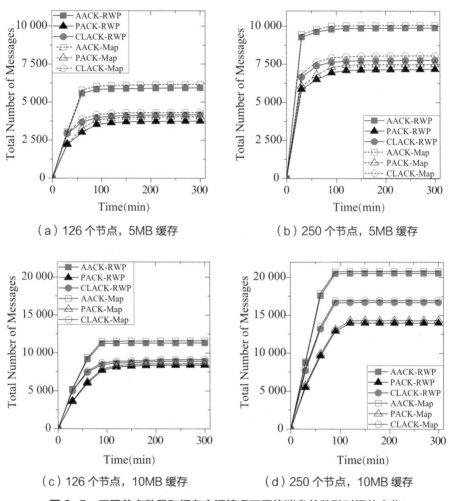

（a）126 个节点，5MB 缓存　　　　　（b）250 个节点，5MB 缓存

（c）126 个节点，10MB 缓存　　　　　（d）250 个节点，10MB 缓存

图2-5　不同节点数量和缓存空间情况下网络消息总数随时间的变化

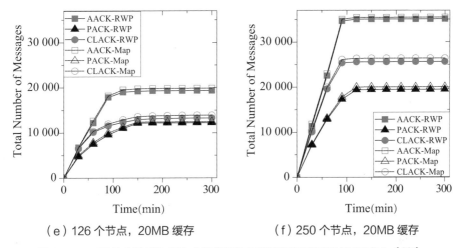

（e）126 个节点，20MB 缓存 　　（f）250 个节点，20MB 缓存

图 2-5　不同节点数量和缓存空间情况下网络消息总数随时间的变化（续）

从图 2-5 中明显可以看出，AACK 产生的消息数比 PACK 和 CL-ACK 分别多出约 50% 和 33%。随着时间的推移，3 种机制控制消息数量的效果区别明显：采用 CL-ACK 机制时消息总数的增长速度在初始阶段明显高于 PACK，而与 AACK 几乎相当，随后则开始逐渐变缓。这主要是因为在确认消息传播的初期，网络拥塞程度较轻，因此 CL-ACK 主要采用主动方式进行传播，消息数量增长较快。随着拥塞程度的加重，确认消息的传播逐渐以被动方式为主，消息增长的速度迅速减慢，从而获得了较好的网络性能。

此外，CL-ACK 下网络消息总数达到稳态的速度与 AACK 相差不大，但是比 PACK 明显要快。这主要得益于 CL-ACK 机制在节点拥塞程度较轻时确认消息传播方式的主动性对收敛速度的提升。

2.3.4　延迟性能影响

图 2-6 为采用不同确认机制时消息的平均排队时延和确认消息的平均传输延迟情况。由图易见，CL-ACK 在延迟性能上远远优于 PACK 而接近 AACK。当节点数量增加时，节点的通信机会随之增加，确认消息的平均传输时延降

低；而缓存的增大意味着节点能够存储的消息数量增多，从而延缓了因缓存耗尽造成的消息丢弃的发生。因此平均排队时延随着缓存的增加呈现一定程度的增长。

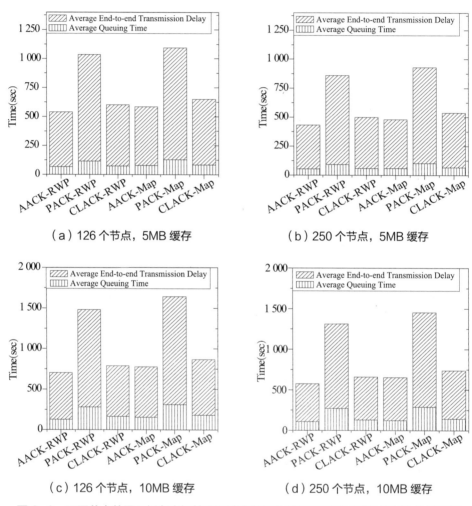

（a）126 个节点，5MB 缓存　　　　　　（b）250 个节点，5MB 缓存

（c）126 个节点，10MB 缓存　　　　　　（d）250 个节点，10MB 缓存

图 2-6　不同节点数量和缓存空间情况下消息的平均排队时延以及确认的平均传输延迟

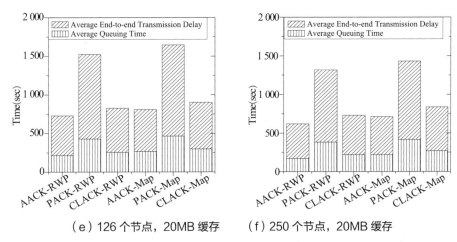

（e）126 个节点，20MB 缓存　　（f）250 个节点，20MB 缓存

图 2-6　不同节点数量和缓存空间情况下消息的平均排队时延以及确认的平均传输延迟（续）

2.4　小　结

由于 DTN 网络间歇性连接等特点，逐跳的确认机制无法满足数据可靠传输的要求，现有的端到端确认机制往往存在传输开销过高或端到端延迟过大等问题，尤其在网络拥塞时，过度的资源消耗反而严重地影响了网络的消息到达率。本章提出了一种基于拥塞程度自适应的端到端确认机制，节点根据网络的拥塞状态，自适应地调整确认消息的转发方式，即在拥塞状态较轻时采用主动方式，而在拥塞状态较严重时切换为被动方式。仿真实验结果证明了该机制可有效地抑制网络总体开销，合理地控制平均排队时延和平均传输时延，并获得较高的消息到达率。

第3章 基于概率接纳和丢弃的拥塞控制算法

消息的复制策略是在 DTN 的挑战环境下保证消息到达率的一种有效方法。然而消息的复制增加了网络传输的冗余，加快了网络资源的消耗速度，从而不可避免地带来了拥塞问题。因此，对于资源严重受限的 DTN 网络环境，如何有效地进行拥塞避免和控制成为影响网络性能的关键问题之一。

本章提出一种基于概率接纳和丢弃 PAD（Probabilistic Acceptance and Drop）的拥塞控制算法。算法结合了节点队列长度和输入输出速率来进行拥塞检测，并根据网络拥塞状态确定消息接收和丢弃的概率。我们构建了一个基于生灭模型的连续时间马尔科夫链对消息到达率进行分析。理论分析和仿真结果证明该算法能有效地抑制网络拥塞的负面影响，在保证较小的端到端延迟和网络开销的同时显著地提高消息的到达率。

3.1 随机网络中的拥塞控制

由于在高动态的移动网络环境下无法保证持续的端到端路径，因此基于端到端反馈的传统拥塞控制策略难以得到应用。近年来，如何为 DTN 提供有效的拥塞控制策略已经引起了广泛的关注。研究者们从多个不同的角度来考虑

DTN 环境下的拥塞问题，目前已经相继提出了许多的拥塞控制策略。

消息复制在一定程度上缓解了链路的不稳定性对消息到达率的负面影响，但同时它又好像一把双刃剑：一方面，消息的过度复制会耗尽有限的节点资源，从而引发网络拥塞；另一方面，消息副本数太少又会减少消息的传输机会，最终导致消息到达率的下降。为了达到消息传输效率和资源消耗的平衡，Thompson N. 等 [81] 提出一种基于消息复制管理的拥塞控制算法 RR（Retiring Replicates）。该算法根据本地节点的丢包数和产生的副本数来估计网络的拥塞状况，并以此动态地调整消息的副本数量的阈值以避免拥塞。L. Bracciale 等人 [82] 在节点缓存受限的情况下，提出了一种针对基于主题的发布订阅系统（topic-based publish subscribe system）的拥塞控制机制。该机制根据每个主题的流行程度来计算消息的最佳副本数量，从而控制网络的存储开销。Whitbeck J. 和 Conan V.[135] 则提出一种混合的路由协议，通过发送特殊的信令来控制消息的副本数量，避免不必要的消息重传。类似的机制还包括 Grundy 和 Radenkovic 等人提出的 CAFREP 算法 [92, 93]，该算法利用节点的接触历史以及存储情况的统计信息动态地调整消息的复制比率。该算法能将通信流从拥塞的网络区域进行疏散，从而有效地均衡负载，实现拥塞的避免。这类方法均通过限制消息的复制来控制资源消耗，然而并不可能完全地防止缓存的过载；而且当节点过载发生时，单纯地利用此类方法也无法快速地解除拥塞。

转发链路的间断性使得 DTN 节点不一定能立即找到可用的下一跳节点来完成消息转发并及时释放缓存空间。这就容易导致节点因缓存迅速耗尽而无法接收后续到来的新消息。因此，选择合适的消息进行丢弃成为另一种可行的拥塞控制方法。作为最早提出的消息丢弃算法，DRA[136] 通过从接收缓存中随机地丢弃部分消息来缓解拥塞。Lindgren 和 Phanse[97] 提出了4种较为简单的丢弃算法，即 DO、DY、DF 及 DL。这些算法根据消息的剩余生存时间或者到达顺序来做出丢弃的决策。然而，由于它们均未考虑消息在整个网络中的副本数量，因此有可能丢弃副本数最少的消息而影响消息的到达率。F. Bjurefors 等人对数据中心的机会网络中的拥塞避免机制进行了深入研究，通过仿真实验证明选择丢弃复制次数最多的消息，DMF 算法获得了最优的性能[137]。E-Drop[104] 则是一种基于消息大小的丢弃算法，它选择节点缓存中大小不小于新到达消息的消息进行丢弃。该算法为短消息提供了更长的缓存时间，减少了消息的丢弃，从而获得了较高的消息到达率。其他类似的算法还包括 Sulma 等 (2011)、Rashid 等 (2010)、Ayub 等 (2010) 及 Papasteyglon 等 (2010) 提出的算法[101, 102, 103, 106, 138]，但是这类算法通常要等到节点已经发生拥塞之后才产生作用，而并未考虑消息的接纳策略。当通信量较大时，对消息毫无限制的接收必然导致缓存空间的迅速耗尽，从而使节点过早地进入拥塞状态而被迫进行反复的消息丢弃。这在一定程度上降低了网络的吞吐量和消息的到达率。

针对上述丢弃策略的不足，部分研究者试图从控制消息接收的角度来处理拥塞问题。Scott Burleigh 等人提出一种基于规则的自治拥塞控制机制 ACC[78]。该机制运用经济学模型，将消息的接纳和转发比作风险投资。在新消息到达时，节点根据自身的缓存空间、消息的输入输出速率、消息的剩余 TTL 等参数的历史统计信息来评估接收和存储该消息带来的风险，从而自主地做出消息的接纳决策。与之类似的还有 Zhang G. 等[79] 提出的拥塞控制方法，该方法通过引入税收管理的概念，利用动态规划来实现有效的拥塞避免。这类机制的基本思想是通过避免接收过多的消息来防止本地节点拥塞。然而，节点在必要时总是通过拒绝新消息的接收来避免节点缓存的过度消耗，并未考虑缓存中已有消息的状态。很多时候，缓存中可能存在交付概率很低的消息(比如即将过期的消息)，而新到达的消息则可能是新近产生的，剩余生存时间较长。这种情况下，舍弃新消息而保留陈旧的消息显然不是一个合理的选择，这在很大程度上影响了该机制的实际效果。

此外，Seligman 等[108-112] 中提出了存储路由的概念。在节点存储不足时，通过转移部分数据到符合条件的其他邻近节点来暂时缓解当前节点的存储压力。待自身的拥塞状态缓解后再将转移出去的数据取回。然而由于节点移动的不确定性，转移目标节点的选择以及转出消息的回收往往是一个相当复杂的过程。此外，该方法不能根据网络的拥塞情况调整源节点的发送速率，从而也无法从根本上实现拥塞控制。

本章针对上述拥塞控制策略存在的主要问题，结合 DTN 网络环境的实际特征，提出一种自适应的基于消息概率接纳和丢弃机制的拥塞控制算法——PAD。它将拥塞控制过程分为拥塞避免和拥塞缓解两个阶段：在节点缓存资源相对充足时，节点进入拥塞避免阶段，通过消息的概率性接纳降低拥塞发生的概率；否则节点进入拥塞缓解阶段，利用消息的概率性丢弃来减轻或解除拥塞。同时，我们建立了一个二维的马尔科夫生灭模型来描述消息的传播过程，并利用该模型对消息到达率进行了理论分析和计算。

3.2　消息的概率接纳和丢弃

3.2.1　拥塞的检测

我们设计一个算法，通过优化消息的接纳和丢弃决策来实现有效的拥塞控制。消息接收机制旨在防止节点接收过多的消息而耗尽缓存资源。而消息丢弃的目标则是在拥塞即将发生时丢弃合适的消息，释放存储空间以缓解拥塞。现有的拥塞控制算法大多根据网络的拥塞状态来做出相应的决策，因此为了精确地反映拥塞状态以优化决策，拥塞检测测度的选择就成为一个极为关键的问题。缓存队列长度和剩余缓存空间是两种指示拥塞的常用测度指标，然而在某些情况下它们并不能准确地跟踪拥塞状态的实际变化。

图3-1（a）列举了在选择队列长度作为唯一的拥塞指示时的一种失效情况。其中，队列输入速率远大于输出速率，然而较短的队列初始长度可能导致节点

做出拥塞并未发生的错误判断。因此节点选择接收全部的消息使得队列长度迅速增加，结果节点很快因缓存过载而发生拥塞。图 3-1（b）则描绘了一种相反的场景，即节点队列的初始长度较大，但是队列输入速率远小于输出速率。此时，更快的离队速率将使得队列长度不断减小，从而迅速地缓解拥塞。因此，节点仅因较大的队列初始长度而拒绝或丢弃消息显然并非合理的选择。这将导致大量不必要的丢包，从而降低网络的吞吐率。从上面的例子不难发现，队列长度反映了网络的负载情况，提供了一种更稳定的拥塞指示。然而，由于网络负载变化的动态性，我们无法单单根据瞬时的队列长度来判断拥塞的变化趋势。而队列的输入/输出速率决定着队列长度的变化，能动态地反映拥塞变化的趋势。与队列长度相比，它对网络状态的反应更敏锐，从而能够以实时的方式跟踪拥塞的变化。综上所述，我们综合考虑队列长度和输入/输出速率两种测度指标来提高消息接纳和丢弃决策的正确性。

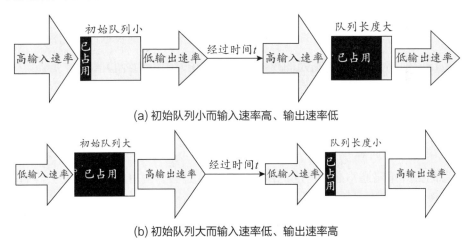

(a) 初始队列小而输入速率高、输出速率低

(b) 初始队列大而输入速率低、输出速率高

图 3-1　以队列长度作为单一的拥塞指示时节点缓存队列的变化情况

3.2.2　概率性接纳

鉴于以上的考虑，我们结合了队列输入/输出速率和剩余缓存空间来实现拥塞的检测以获得稳定性和响应速度的折中。令 γ 表示节点的缓存占用率，另

给定一阈值 β，其值设为0.7。我们根据 γ 和 β 间的关系来初步地判断网络的拥塞状态。具体来说，当 γ 小于 β 时，表示节点处于正常状态。此时节点以概率1接收消息，尽可能多地为消息的传输提供服务，以提高消息到达率和吞吐量。而当 γ 大于等于 β 时，我们再进一步考虑队列的输入／输出速率。若队列输入速率 R_{in} 小于输出速率 R_{out}，预示着节点队列长度将逐步减小，拥塞程度有减轻的趋势。这表明当前节点仍有一定的能力来接收和容纳新消息。因此，节点以一定的概率接收消息以实现资源利用率的最大化，并且接收概率 p_r 能根据节点对拥塞状态的估计自适应地调整。p_r 的值与队列输入／输出速率以及当前节点的缓存占用率 γ 有关，具体的计算方法如式(3-1)所示。

$$p_r = \min[1, R_{out} \times (1 - \gamma) / R_{in}] \tag{3-1}$$

为了减小由于网络突发流量造成的短期速率峰值对队列输入／输出速率统计的影响，我们用速率的加权移动平均值来代替瞬时值，如式(3-2)所示。

$$R_i = \alpha \cdot R_{sample} + (1 - \alpha) \cdot R_{i-1} \tag{3-2}$$

其中，R_{sample} 表示当前的速率的观测值；R_{i-1} 和 R_i 分别表示速率加权移动平均的历史值和当前值；α 则为加权平滑因子，在书中设为经验值0.9。

3.2.3 概率性丢弃

当可用缓存空间不足时，节点不得不通过丢弃部分的消息来避免过载。消息的丢弃策略通常必须考虑的两个重要因素是丢弃消息的选择以及丢弃时机的选择。在多副本路由协议下，一定程度上消息的副本数量越多，其到达目的地的概率也就越高，丢失一个副本对于到达概率的影响相对越小。因此，拥塞发生时丢弃副本数量多的消息是一种比较合理的选择。但是如果所有拥塞节点碰巧均选择了同一消息的副本进行丢弃，那么有可能造成该消息的副本被过量地甚至全部丢弃，从而影响该消息的传输和交付。为此在我们的算法中，节点首先根据转发次数按照降序对缓存中的消息进行排序，并从排序之后的消息队列中取出前 s 个消息 M_1, M_2, $\cdots$, M_s，作为候选消息。最后，这些候选消息中将有一个被选中成为待处理消息。假设 p_i 表示第 i 个候选消息 M_i 被选中的概率，那么每个候选消息被选中的概率大小可能都不尽相同，它将与消息的转发次数成正比。关于候选消息数 s 以及选中概率 p_i 的具体计算方法分别见式 (3-3) 和式 (3-4)。

$$s = \begin{cases} 1 & , & L < 10 \\ \lceil L \times 10\% \rceil & , & 10 \leqslant L \leqslant 100 \\ 10 & , & L > 100 \end{cases} \tag{3-3}$$

$$p_i = \frac{T_i}{\sum\limits_{i=1}^{s} T_i} \tag{3-4}$$

其中，L 代表当前节点存储的消息总数，T_i 则为消息 M_i 的转发次数。

此外，由于消息的交付都必须在其生存时间内完成，所以消息剩余生存时间的长短一定程度上就反映了该消息成功转发到目的节点的概率。若节点收到的是一个快过时的消息，在其剩余生存时间内转发并送达目的节点的可能性已经不大，那么即使有足够的缓存空间，接收这样的消息也是没有意义的。因此，我们可以将消息的剩余生存时间作为算法决策的补充判据。现有的丢弃机制通常等到节点缓存耗尽才进行消息丢弃。为了避免由此带来的反应滞后性，我们设定一个拥塞临界状态，在缓存过载之前就通过适当的消息丢弃对潜在的拥塞做出响应。

3.2.4　PAD 算法

本小节我们对 PAD 算法的具体处理过程描述如下：

(1) 对于新到达的消息 M，若节点当前的输出速率 R_{out} 与消息的剩余生存时间 $RTTL$ 的乘积小于消息的长度 N，则以概率 1 丢弃该消息。

(2) 如果接收消息 M 后节点缓存的占用率 γ 小于门限值 β，则以概率 1 接收新消息。

（3）如果节点仍有足够的缓存容纳消息 M，但是接收 M 后节点缓存的占用率 γ 将大于 β，表明节点缓存空间较紧张，临近拥塞状态。此时若当前节点输入速率 R_{in} 不超过输出速率 R_{out}，则以概率 $p_r=\min[1, R_{out}\times(1-\gamma)/R_{in}]$ 接收 M；否则，按照前面的方法在新消息 M 和缓存中已有的消息中确定 s 个候选消息，并从中选出待处理消息。然后以概率 $p_d=1-\min[1, R_{out}\times(1-\gamma)/R_{in}]$ 丢弃该待处理消息。

（4）若节点已不能容纳新消息，则以概率 1 丢弃待处理消息。

PAD 算法的伪代码如图 3-2 所示。

```
Algorithm 1 Node ProcessEvent (message M arrives)
N — the size of the arrival message
K — the buffer capacity of node
freeBuffer — the free buffer size of node
Rin — the historical statistical mean value of data input rate
Rout — the historical statistical mean value of data output rate
RTTL — residual time to live of message
Ti — the forwarding number of the i-th message Mi
pi — the probability of Mi is selected
β — the threshold of proportion of occupied buffer
γ — (K − freeBuffer + N)/K

    if Rout × RTTL < N then
        discard M;
    else if γ < β then
        receive M;
        else
            if Rin < Rout && freeBuffer ⩾ N then
                θ = freeBuffer/K;
                pr = min[1, (Rout × θ)/Rin];
                receive M with probability pr;
            else
                put M into the buffer and choose s candidate messages,
                then from which pick out one as the outstanding message MO,
                the selective probability of each message is proportional to the forwarding number;
                if Rinr ⩾ Rout && freeBuffer ⩾ N then
                    pd = 1 − min[1, (Rout × θ)/Rin];
                    discard MO with probability pd;
                else
                    discard MO;
                end if
            end if
    end if
end if
```

图 3-2 PAD 算法的伪代码

3.3　到达率模型

本节我们在给定相遇间隔时间和丢弃间隔时间分布的情况下对消息的到达率进行建模分析。由于消息到达率是 DTN 网络环境中的关键性能指标，因此我们将提高到达率作为 PAD 算法的主要目标。我们构建了一个连续时间带吸收态的马尔科夫生灭模型来对消息到达率进行理论分析。假设在一个由 $n+1$ 个节点(一个源节点、一个目的节点和 $n-1$ 个中继节点)组成的网络中，一个消息可能由源节点直接转发给目的节点或者通过中间节点的传递来完成交付。我们将一对节点位于各自通信范围内的持续时间定义为相遇时间，两个节点仅在其相遇时间内能通信并且假设节点间的数据传输是瞬时完成的。那么连续两次相遇之间的间隔则称为相遇间隔时间。类似地，连续两次消息丢弃事件的间隔即为丢弃间隔时间。假定节点相遇的间隔时间和丢弃间隔时间均为服从指数分布的独立同分布的随机变量，其强度分别为 $\lambda > 0$ 和 $\mu > 0$。那么，DTN 网络中节点的移动特征由单一的参数 $1/\lambda$ 来表征。$1/\lambda$ 表示任何一对节点间相遇的期望时间间隔，而 $1/\mu$ 则表示两次丢弃事件的期望时间间隔。在该到达率模型中，我们利用消息在网络中的副本数量来表示网络的状态。令 $S(t)$ 表示在时刻 t 的系统状态，$S(t) \in \{1, 2, \cdots, n, R\}$。那么，$\{S(t), t \geq 0\}$ 可以看作连续时间、有限状态、带吸收状态的马尔可夫链。其中 $S(t) \in \{1, 2, \cdots, n\}$ 为瞬时态，表示整个网络中包括原始消息在内的副本数量。而 $S(t)=R$ 则为吸收态，表示消息已经成功地交付给目的节点。在消息的生存期内，消息的一次复制转发会导致消息副本数量加 1，而消息的一次丢弃则会导致副本数量减 1。我们将消息的复制转发看作消息的生长过程，将消息的丢弃看成消息的死亡过程。因此，我们可以用马尔可夫生灭过程来表示系统状态的转换过程，如图 3-3 所示。该生灭过程的网络状态存在稳定概率分布 $\{P_k\}$。

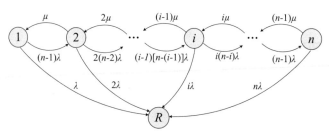

图 3-3 消息副本数量的马尔可夫链状态转移图

假设 λ_i 表示发生消息复制，消息副本数从 i 增加到 $i+1$ 的生长率；而 μ_i 表示发生消息丢弃，消息副本数从 i 减少为 $i-1$ 的死亡率。那么，某一时刻网络中消息副本数量的状态转换率 v_i 是由上面这二者共同影响决定的。由图3-3可知：

$$\begin{cases} \lambda_i = i(n-1)\lambda & i = 1, 2, \cdots, n-1 \\ \mu_i = (i-1)\mu & i = 2, \cdots, n \\ v_i = \lambda_i + \mu_i \end{cases} \tag{3-5}$$

由式(3-5)我们可以得到下面的一步转移概率：

$$\begin{cases} P_{i,i+1} = \dfrac{i(n-1)\rho}{i(n-i+1)\rho + i - 1}, i = 1, \cdots, n-1 \\[3mm] P_{i,i-1} = \dfrac{i-1}{i(n-i+1)\rho + i - 1}, i = 2, \cdots, n \\[3mm] P_{i,R} = \dfrac{i\rho}{i(n-i+1)\rho + i - 1}, i = 1, \cdots, n \\[3mm] P_{i,j} = 0, \ 其他 \end{cases} \tag{3-6}$$

其中 $\rho = \gamma/\mu$，$P_{i,i+1}$、$P_{i,i-1}$ 和 $P_{i,R}$ 分别表示副本数由 i 转移到 $i+1$、$i-1$ 和吸收态(消息到达目的节点)的一步转移概率。令 P_i 表示网络中存在 i 个消息副本的概率，由于生灭过程的状态存在稳定的概率分布，则生灭过程向前方程可表述为：

$$\left. \begin{array}{l} -(\lambda_i + \mu_i)P_i + \mu_{i+1}P_{i+1} + \lambda_{i-1}P_{i-1} = 0, i = 2, \cdots, n-1 \\ -\lambda_1 P_1 + \mu_2 P_2 = 0 \end{array} \right\} \tag{3-7}$$

由上述方程组易得：

$$P_2 = (\lambda_1/\mu_2)P_1 \tag{3-8}$$

$$P_3 = \frac{(\lambda_2 + \mu_2)P_2 - \lambda_1 P_1}{\mu_3} = \frac{(\lambda_2 + \mu_2)P_1(\lambda_1 / \mu_2) - \lambda_1 P_1}{\mu_3} = P_1 \prod_{i=2}^{3} \frac{\lambda_{i-1}}{\mu_i} \tag{3-9}$$

由归纳法可得：$P_k = P_1 \prod_{i=2}^{k} \left(\frac{\lambda_{i-1}}{\mu_i} \right), k = 2, 3, \cdots, n$。

假设生长率 $\lambda_i < \infty$ 且死亡率 $\mu_i < \infty$，则有：

$$P_1 = \left[1 + \sum_{k=2}^{n} \prod_{i=2}^{k} \left(\frac{\lambda_{i-1}}{\mu_i} \right) \right]^{-1} \tag{3-10}$$

当网络中存在 1 个副本时，马尔科夫链从状态 1 转移到吸收态的概率为：

$$P_{1R} = P_1 \cdot P_{1,R} = \left[1 + \sum_{j=2}^{n} \prod_{i=2}^{j} \left(\frac{\lambda_{i-1}}{\mu_i} \right) \right]^{-1} \cdot \frac{1}{n} \tag{3-11}$$

而从状态 $k(k \in [2, n])$ 转移到吸收态的概率为：

$$P_{kR} = P_k \cdot P_{k,R} = \left[1 + \sum_{j=2}^{n} \prod_{i=2}^{j} \left(\frac{\lambda_{i-1}}{\mu_i} \right) \right]^{-1} \prod_{i=2}^{k} \left(\frac{\lambda_{i-1}}{\mu_i} \right) \cdot \frac{k\rho}{k(n-k+1)\rho + k - 1}$$

$$= \frac{\rho^{k-1} \prod_{i=2}^{k} (n-i+1)}{1 + \sum_{j=2}^{n} \rho^{j-1} \prod_{i=2}^{j} (n-i+1)} \cdot \frac{k\rho}{k(n-k+1)\rho + k - 1} \tag{3-12}$$

$$= \frac{k\rho^k \prod_{i=2}^{k} (n-i+1)}{\left[1 + \sum_{j=2}^{n} \rho^{j-1} \prod_{i=2}^{j} (n-i+1) \right] \left[k(n-k+1)\rho + (k-1) \right]}, k = 2, 3, \cdots n$$

对于任意消息，其到达率应该为该马尔科夫链从所有非吸收态转移到吸收态的概率之和，即 $P_{delivery} = P_{1R} + P_{2R} + \cdots + P_{nR}$。由式 (3-11) 和式 (3-12) 可得：

$$P_{delivery} = \sum_{k=1}^{n} P_k \cdot P_{k,R} = \left[1 + \sum_{j=2}^{n} \prod_{i=2}^{j} \left(\frac{\lambda_{i-1}}{\mu_i} \right) \right]^{-1} \cdot \frac{1}{n} + \left[1 + \sum_{j=2}^{n} \prod_{i=2}^{j} \left(\frac{\lambda_{i-1}}{\mu_i} \right) \right]^{-1}$$

$$\sum_{k=2}^{n} \left[\prod_{i=2}^{k} \left(\frac{\lambda_{i-1}}{\mu_i} \right) \cdot \frac{k\rho}{k(n-k+1)\rho + k - 1} \right]$$

$$= \frac{1}{1+\sum_{j=2}^{n}\rho^{j-1}\prod_{i=2}^{j}(n-i+1)} \cdot \frac{1}{n} + \frac{1}{1+\sum_{j=2}^{n}\rho^{j-1}\prod_{i=2}^{j}(n-i+1)} \cdot \sum_{k=2}^{n}\left[\rho^{k}\frac{k\prod_{i=2}^{k}(n-i+1)}{k(n-k+1)\rho+k-1}\right]$$

$$= \frac{1}{1+\sum_{j=2}^{n}\rho^{j-1}\prod_{i=2}^{j}(n-i+1)} \cdot \left\{\frac{1}{n} + \sum_{k=2}^{n}\left[\rho^{k}\frac{k\prod_{i=2}^{k}(n-i+1)}{k(n-k+1)\rho+k-1}\right]\right\}$$

$$(3\text{-}13)$$

图3-4是125个节点时，由式(3-13)得到的到达率 P_{delivery} 随 ρ 值变化的函数曲线图。从图中我们不难发现，P_{delivery} 是自变量 ρ 在区间 $(0, \infty)$ 上的一个递增函数，随着 ρ 值的增大，P_{delivery} 的值也不断增大，向1逼近。

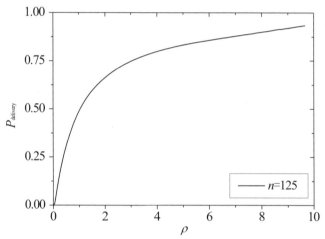

图 3-4 消息到达率 P_{delivery} 随 ρ 值变化的函数曲线图

3.4 仿真结果及分析

本节我们利用 ONE 仿真平台来评估 PAD 算法的性能。为了简化问题，所有的实验均采用 Random Waypoint 移动模型并以 Epidemic 的方式完成消息的分发。令 A 代表仿真地图的大小，r 为节点的传输半径，V 为节点移动的期望速率。根据 Groenevelt R. 等 [139] 得到的结论，当传输半径 $r << \sqrt{A}$ 时，Random Waypoint 移动模型中节点的相遇间隔时间是服从指数分布的，且其分布参数 λ 可按如下公式进行近似计算：

$$\lambda = 10.94 \frac{rV}{\pi A} \tag{3-14}$$

若无特殊说明，仿真过程均采用如表3-1所示的实验参数。按照 Groenevelt[140] 提出的方法，我们可以计算出节点移动的期望速速率为 $V \approx 8.7 \text{m/s}$。再将相关的参数值代入式(3-14)，可得在我们的仿真场景下 $\lambda \approx 2.97 \times 10^{-4}$。

为了对算法性能进行评价，我们选择了消息到达率、有效吞吐率以及端到端平均延迟这3个主要度量指标。

(1)消息到达率被定义为目的端成功接收的消息数量与源端产生的消息数量的比值。网络通信的首要目的是保证消息的成功交付，因此消息到达率也成为性能评价中最关键的度量。

(2)有效吞吐率被定义为实际到达的消息个数(不计重复的消息副本和确认)与网络中所有节点完成的发送次数总和之比。我们利用它来评价算法的存储和能量开销。有效吞吐率一方面反映了消息传输的冗余度，显示了网络的存储开销。另一方面，有效吞吐率的倒数实际上表征的就是成功地完成一个消息的交付所需要的平均传输次数。因此，它同时又揭示了消息交付的平均能耗。为简化能耗分析，我们仅考虑消息传输的能耗，而忽略其他因素造成的能量消耗(如节点移动、消息处理等)，并且假设每个节点传输单位字节的能耗相同。

(3)端到端平均延迟定义为消息从源端出发直至到达目的端所经历的平均时间。虽然 DTN 具有延迟容忍的特性，但是尽快地完成消息的交付仍然是其考虑的一个重要目标。此外，在资源受限的环境下，消息的端到端延迟越大也就意味着其参与资源竞争的时间越长，从而可能导致消息丢失率的增加。

实验中，我们忽略了协议首部的开销并假设每个消息到达最终目的节点时，目的节点会返回一个固定大小（5KB）的确认消息，通过确认消息的传播来移除网络中冗余的消息副本。我们选择了4种典型的协议——Epidemic、ACC、RR 以及 DMF，来与 PAD 算法进行比较，分别在不同缓存大小、不同节点密度和不同消息生成间隔的场景下评价各种算法的主要性能。

表 3-1　仿真实验参数

主要参数	参数值	主要参数	参数值
地图大小 A	4 500 m×3 400 m	节点移动速度 v	4~10 m/s
通信范围 r	150 m	消息大小	100 KB
传输速度	2 Mbps	消息生成间隔	25~35 s
节点数量 n	125	仿真时间	24 h

3.4.1　实验参数对 ρ 值的影响

本小节我们将分析缓存大小、节点密度以及消息生成间隔对 ρ 值的影响。通过实验，我们首先统计并计算在 Random Way Point 移动模型下以上5种协议的丢弃间隔时间的统计平均值，进而连同前面得到的 λ 的计算值代入 $\rho=\lambda/\mu$ 即可得到相应的 ρ 值。图3-5为分别改变缓存大小、节点数量和消息生成速度时，各种协议下 ρ 值的变化情况。缓存的减小代表节点存储能力的下降，消息生成间隔的缩短预示着网络通信量的增加，而增加节点密度则会相应地增加节点的接触机会，从而导致更多的消息复制。显然，缓存大小、消息生成间隔以及节点密度的上述变化均意味着网络拥塞程度的加剧，而拥塞的加剧必然会造成丢弃率 μ 的上升。因此，如图3-5所示，在接触率 λ 确定的情况下，ρ 随着拥塞的缓解逐渐地增大。PAD 算法通过概率性的消息接纳和丢弃有效地控制了网络资源的消耗。而由式 (3-13) 可知，消息的到达率 $P_{delivery}$ 与 ρ 值是成正比的。在实验结果中，PAD 算法获得了最高的接触率和丢弃率比值（ρ 值）。因此这也表明在各种场景下 PAD 算法均能获得理论上最优的到达率性能。下面我们将通过仿真实验进一步地证明 PAD 算法的有效性。

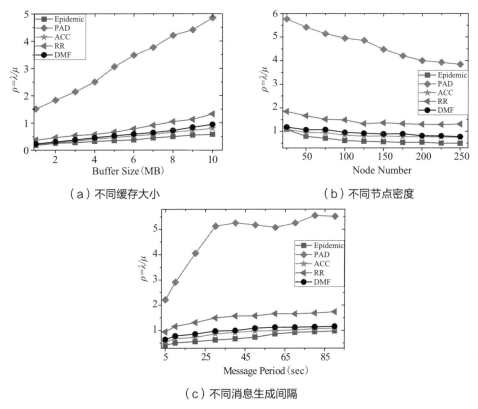

（a）不同缓存大小　　　　　　　　（b）不同节点密度

（c）不同消息生成间隔

图 3-5　不同实验参数下 ρ 值的变化

3.4.2　消息的到达率

本小节我们结合理论分析和仿真结果来评价各算法的消息到达率。消息到达率的理论值可通过式(3-13)代入节点个数和相应的 ρ 值来计算得到。图 3-6 为不同实验参数下各协议获得的消息到达率的理论值和仿真值。我们发现到达率的理论值与仿真值非常接近，证明根据我们的到达率模型得到的理论估计值与实验结果是基本吻合的。同时，在不同拥塞情况下，这 5 种协议对于到达率的影响存在着明显的差异。

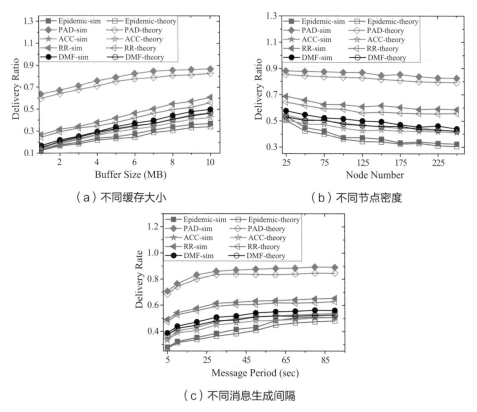

（a）不同缓存大小   （b）不同节点密度

（c）不同消息生成间隔

图 3-6　不同实验参数下的消息到达率

在图3-6(a) 中，当节点缓存为10MB 时，网络处于轻度拥塞状态。PAD的到达率明显优于其他协议，达到了86.21%。相比 RR 的60.88% 和 Epidemic的37.11%，PAD 分别提高了约41.6% 和132%。而随着缓存的减少，消息的到达率也随着拥塞的加剧而逐渐降低。然而，在1MB 缓存的情况下，PAD 仍然获得了超过60% 的到达率，而其他4种协议的到达率均跌至30% 以下。与RR、DMF、ACC 和 Epidemic 相比，PAD 对到达率性能的提升幅度分别达到了138%、276%、305% 和378%。需要说明的是，RR 通过节点的本地信息来估计网络的拥塞程度，其对副本的控制主要依赖于对拥塞状态检测的准确性。然而本地信息并不能完全地反映网络的全局状态，因而一定程度上影响了 RR

的实际性能。而 DMF 在节点缓存不足时通过消息丢弃来缓解拥塞，但是在节点缓存十分有限的情况下，即使丢弃部分消息仍然无法抑制缓存的迅速消耗。因此，节点缓存可能持续地处于饱和或临近饱和状态，从而导致大量的消息丢失并最终降低了消息到达率。此外，ACC 采用消息接纳策略一定程度上避免了节点缓存的过度消耗，因此到达率性能优于 Epidemic。但是，ACC 仅对新到达的消息进行接收限制而缺乏有效的缓存替换机制来处理缓存中已有消息，所以其到达率性能无法与其他的三种拥塞控制协议相比。

图 3-6（b）说明了节点数量对各协议的消息到达率的影响。显然，5 种协议的消息到达率均随着节点数量的增加而出现了下降趋势。这是因为节点数量越多，产生的消息也越多，造成的拥塞相应也越严重。PAD 通过消息接收和丢弃的合理决策，较好地控制了网络拥塞，从而达到了五者中最高的到达率。从图中我们可以看到，在 25 个节点时，PAD 完成了将近 90% 的消息交付，而相比之下，RR 仅获得了约 70% 的到达率，而其他三种协议则均不足 60%。即使在节点数量增加至 250 个的情况下，PAD 的到达率仍然达到了 82.47%，分别高出 RR、DMF、ACC 及 Epidemic 近 40%、87.5%、96.2% 和 155.2%。

最后，我们通过改变消息生成间隔来观察到达率的变化，如图 3-6（c）所示。消息的生成间隔越短，新消息就产生得越频繁，这意味着越大的网络通信量以及相对越严重的网络拥塞。因此，当消息生成间隔逐渐缩短时，各协议获得的到达率也相应地降低。然而，5 种比较的协议中，PAD 的消息到达率依然明显高于其他 4 种。在消息生成间隔缩短到 5 s 的情况下，其他协议的消息到达率不足 50%，但 PAD 却仍能获得接近 70% 的达到率。这证明 PAD 通过有效的缓存资源分配和调度显著地提高了消息的交付性能。

值得一提的是，尽管我们的算法在资源受限的网络环境下均获得了较高的到达率，但是随着拥塞程度的缓解，性能提升的效果也在逐渐地减小。图 3-7 显示了节点缓存超过 10MB 后的到达率情况。可以看出，随着缓存的增加，节点拥有了更多的空间来容纳消息，从而使得拥塞造成的消息丢失大幅减少。因此，拥塞控制机制带来的性能增益也相应降低。从图3-7可以清楚地看到不同协议的消息到达率之间的差距不断缩小，并且当缓存大小最终超过90MB后5种协议获得了几乎相同的到达率。

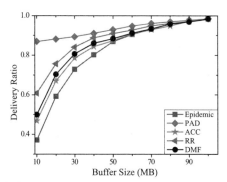

图 3-7　缓存大小从 10MB 增加至 100MB 时的消息到达率

3.4.3　有效吞吐率

如前所述，多副本路由方式在提高消息交付性能的同时也导致了极大的网络开销。这里我们通过有效吞吐率来具体地说明各种协议的开销情况。一方面，有效吞吐率越高，消息的冗余度就越低，造成的存储消耗也就越少。另一方面，有效吞吐率越高也代表完成消息交付所需的平均转发次数越少，这也就意味着交付消息带来的能量消耗越低。

节点缓存的增长相应地增加了消息的复制机会，从而带来了更多的冗余传输并最终导致存储和能量消耗的增加。因此，如图3-8(a)所示，各种协议的有效吞吐率均随着节点缓存的增加而逐渐下降。其中，由于缺乏有效的拥塞控制，Epidemic造成了大量不必要的消息复制，从而导致过大的网络开销。因此，其有效吞吐率在所有比较的协议中是最低的。与之相反，PAD则获得了最佳的有效吞吐率性能。这得益于PAD合理的消息接收和丢弃决策，使其以相对较小的代价完成了较多的消息交付。RR通过自适应地限制消息的复制次数以减少冗余传输,从而控制资源的消耗。然而,由于 3.4.2 小节中所提到的原因,RR 估算的复制限度可能与实际网络状态存在一定偏差,从而影响了其调控拥塞的准确性。因而,RR 的到达率要低于 PAD。此外,ACC 和 DMF 在一定程度上减少了缓存过载的发生,但是导致了更多的消息丢失,加之它们的消息交付比例本就不高,因此,获得的有效吞吐率性能也相对较差。

图 3-8(b) 则说明了在改变网络节点个数时各协议有效吞吐率的变化。我们发现,节点数量越多,节点的接触越频繁,消息获得的转发机会也越多。这将导致消息冗余度的增加,因此,协议的有效吞吐率也随之降低。从图中我们可以看到,PAD 的有效吞吐率在不同节点数量时均高于其他四者。当节点密度较低(如,25 个节点)时,PAD 获得了更为明显的优势。相比 RR、DMF、ACC 和 Epidemic,PAD 的有效吞吐率分别提高了 16.7%、45.5%、74.1% 和 108.1%。然而,节点密度的增加将导致更大的网络通信量。这意味着网络拥塞程度也将相应地加剧,从而造成消息丢弃和重传的显著增加。因此,PAD 产生的网络开销也随着节点数量的增加而急剧上升。如图 3-8(b) 所示,在节点数量超过 125 个时,PAD 相对于其他协议在有效吞吐率性能上的优势已经大幅缩小。

图 3-8(c) 反映了网络负载的变化对有效吞吐率的影响。从图中可以清楚地看到,随着消息生成间隔的增加,协议的有效吞吐率均呈明显下降的趋势。其主要原因是,更短的消息生成间隔意味着更大的消息数量以及更快的缓存消耗速度。这使得节点可能由于没有足够的空间接收消息副本而导致传输机会的减少,消息的冗余度较低,因此,有效吞吐率相对较高。而当负载降低时,更多消息的复制产生了更多的冗余副本,于是反而降低了协议的有效吞吐率。实验结果显示,PAD 的有效吞吐率在通信量变化的情况下依旧获得了最佳的性能表现。

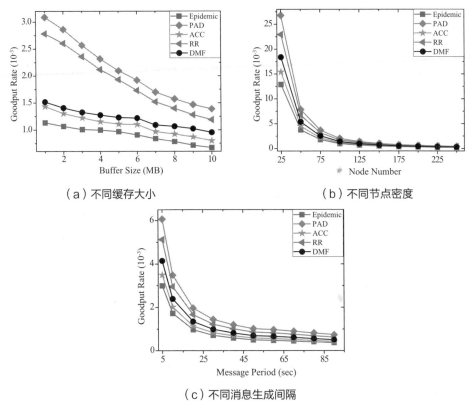

（a）不同缓存大小　　　　　　　　　　（b）不同节点密度

（c）不同消息生成间隔

图 3-8　不同实验参数下的网络有效吞吐率

3.4.4　端到端延迟

最后，我们分析一下上述几种协议的延迟性能。图 3-9（a）为改变节点缓存大小时各协议平均端到端延迟的变化情况。我们发现协议的平均延迟随着节点缓存的增加而逐渐增大。这是因为，缓存空间的减小暗示网络拥塞程度的增加。在严重拥塞时，节点缓存的过快消耗容易导致消息丢弃更早出现并且更频繁地发生。这意味着消息必须在短时间内到达目的节点，否则就极有可能被丢弃。因此，在节点缓存较小时的平均端到端延迟相对较短。而随着缓存空间的扩大，节点对消息的存储携带能持续更长的时间，从而使得消息的平均延迟也相应地延长。

　　不同节点密度时的延迟性能如图 3-9(b) 所示。节点密度的增加提高了节点之间的接触频率，亦即导致节点间通信机会的增加。因此我们从图中可以发现，平均延迟在节点密度较低时相对较大，而随着节点密度的增大逐渐地减小。

　　接下来，我们利用图 3-9(c) 来反映消息生成间隔对平均端到端延迟的影响。从图中我们发现一个有趣的变化，即当网络通信量较大(消息生成间隔小于20 s)时，协议的平均端到端延迟随消息生成间隔的增加而不断增大；此后，随着消息生成间隔的继续增大，平均延迟又出现了逐渐下降的趋势。我们认为造成这种现象的主要原因是，当通信量过大时，过多的消息丢弃使得消息不可能在网络中停留很长的时间。消息要么在短时间内完成交付，要么由于拥塞而被丢弃，从而导致了较短的平均延迟。而随着通信量的减少，拥塞程度逐渐减轻，造成消息的排队时间相应地延长，因此平均延迟在开始阶段出现了一定程度的增长趋势。然而，当消息生成间隔超过20 s 后，消息的丢弃随着拥塞的进一步缓解而明显减少。这导致消息可以获得更多的传输机会，从而可能通过较短的转发路径更快地完成交付。因此，在经历初期的短暂上升后，5 种协议的平均延迟又开始逐步下降。由图 3-9 我们不难看出，DMF 和 Epidemic 由于采用了激进的洪泛方式传播消息，因此获得了较短的平均延迟。其中，DMF 在拥塞时选择丢弃转发次数最多的消息，而通常消息的转发次数越多代表它在网络中的滞留时间越长。这意味着 DMF 为剩余生存时间更长的消息提供了更多的转发机会，从而进一步地缩短了消息的平均延迟。相比之下，RR 和 ACC 通过避免节点缓存的过度消耗，一定程度上延长了消息在网络中的停留时间，导致了更大的平均延迟。基于同样的原因，PAD 的平均延迟要高于其他 4 种协议。但是值得注意的是，它同时也获得了五者中最高的消息到达率。从图 3-10 我们清楚地看到，在达到相同的消息到达率的情况下，PAD 的时间消耗最小，证明 PAD 获得了最高的消息分发效率。

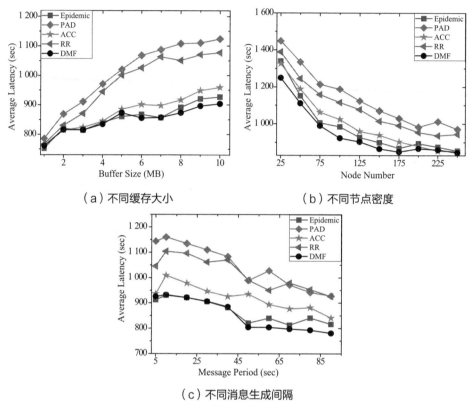

（a）不同缓存大小　　　　　　　（b）不同节点密度

（c）不同消息生成间隔

图 3-9　不同实验参数下的平均端到端延迟

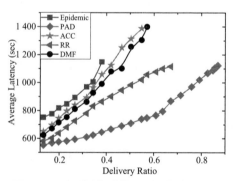

图 3-10　平均端到端延迟与消息到达率

3.5 小 结

由于延迟／中断可容忍网络中节点资源的严格受限，在使用多副本路由策略的情况下，极易造成网络拥塞，从而影响网络的整体性能。本章提出一种新的拥塞控制机制——PAD，利用消息的概率性接收和丢弃机制来实现有效的拥塞控制。另外，我们还引入一个二维马尔科夫生灭模型来对 DTN 中的消息分发过程进行了精确的建模。理论分析和仿真实验都证实，PAD 能有效地控制拥塞，在显著提高消息到达率的同时获得了相对较短的延迟和较低的网络开销。

第4章　基于订阅时效的缓存管理机制

随着因特网的不断发展，其主要的应用需求已从最初的计算资源共享逐步地向内容的获取和分发转变。内容中心网络作为解决传统网络的扩展性和内容分发问题的有效方案已成为该领域的研究热点。本章针对消息分发过程中由于过度复制造成的节点拥塞问题，深入分析了现有的消息丢弃策略的局限性。同时，结合以内容为中心的容迟／容断网络中发布订阅通信方式的特点，将用户兴趣的有效期运用到消息的丢弃决策中，提出了一种新的基于订阅时效性的缓存管理机制。该机制定义了一个多属性的效用，从节点、数据消息和用户兴趣等多个角度综合决定消息的丢弃优先级。仿真结果证实了我们的机制在消息到达率、分发速度及网络开销方面的优越性。

4.1　内容中心机会网络概述

移动、无线网络技术的快速发展极大地改变了分布式系统的应用范围和规模，但由于网络拓扑的高动态性以及节点多样性等特征，传统的基于主机（Host Centric/Host-to-host）的通信方式已无法满足大规模、异步和多点松散通信的需求。因此，关于下一代因特网网络体系结构的研究逐步地成为学术界关注的热点。国内外开展了大量相关的研究，包括 Palo Alto 研究中心（PARC）的 Van Jacobson 等人提出的内容中心网络 CCN（Content Centric Networking）[143]，罗马大学提出的开放式内容交付网络项目（Open CDN Project）[150]，美国 Colorad 大学的可扩展的互联网事件通知体系结构 SIENA[151]，以及 UC Berkeley RAD 实验室 Koponen 等人提出的面向数据的网络架构 DONA（Data-Oriented Network Architecture）[152] 等。其中，CCN 网络体系的设计最具代表性，也得到了较广泛的应用。

这些网络体系结构都建立在以数据或内容为中心的基本概念之上，运用网络的主动服务来为用户提供多样化的数据传输服务。所谓的主动服务，从用户的角度来说，就是在用户不发出指令的情况下将用户感兴趣的数据传输到用户手中。该系统中，数据的传输由服务器发起，而非通过用户的请求。目前，主动服务系统大多采用发布／订阅（Publish/Subscribe）方式，订阅者向数据的发布者发出订阅信息，订阅者在订阅信息发出后则不再关注其所订阅数据的传输和到达的具体过程，数据的发送完全由数据的发布者决定。典型的这类发布／订阅系统包括股票与个性化新闻订阅系统、分布式拍卖系统、电子市场和电子商务等 [141, 142]。

4.1.1　CCN 工作机制

CCN 网络体系中，网络用户往往仅关心数据的内容而非内容存放的具体位置。因此，该网络系统以发布订阅方式代替传统的端到端通信方式，将网络看成是数据内容的源，通信的参与者仅需根据自己的兴趣连接到相应的内容空间来获取数据，而无须预先建立源端和目的端的连接以及其他的先验知识。因此，其数据报文也不再以 IP 地址作为标识，而是通过内容名称来实现。通常 CCN 中包含两种类型的分组：一种是订阅兴趣（Interest），用来描述节点感兴趣的数据类型；另一种是数据消息（Data），它包含了实际的数据内容。这两种类型的分组数据结构如图4-1所示。发布者产生数据消息而无须知道消息订阅者的具体信息。另一方面，订阅者通过合适的订阅信息来描述他们的订阅兴趣。通信过程中，订阅者向网络中广播他们的兴趣分组来订阅相应的内容。在同一个广播介质上，具有相同兴趣的多个订阅者可以共享一个订阅兴趣包。任何收到该订阅兴趣并拥有相应数据内容的节点都将做出响应，返回对应的数据分组。

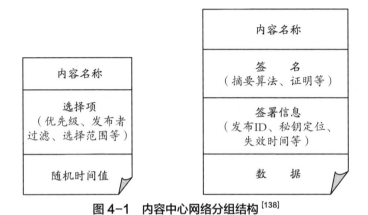

图 4-1　内容中心网络分组结构 [138]

典型的 CCN 转发引擎模型通常包含3个关键的数据结构：前向转发库 FIB（Forwarding Information Base）、内容存储器（CS）和未决兴趣表 PIT（Pending Interest Table）。其中，FIB 保存了 CCN 节点到达内容服务器的下一跳接口，它采用了与 IP 路由器类似的处理机制，不同的是，CCN 的 FIB 支持同时向多点转发。CS 类似于 IP 路由器的缓存，用于存储节点上缓存的数据内容。但是它具有重复使用数据的能力，以便于对相同内容感兴趣的用户获取数据，而并未如传统 IP 路由器一样采用 MRU 的缓存替换策略，在完成数据转发后就清空缓存数据，PIT 则主要记录未得到响应的兴趣包的内容名及其到达接口。当请求的数据成功交付给订阅节点或者某条兴趣记录在一定的期限内未找到匹配的内容而超时时，则该条相应的记录条目将从 PIT 中被删除。

典型的数据包的处理过程如下：当节点收到某个兴趣包时，它将根据该兴趣包所订阅的内容名依次在 CS、PIT 和 FIB 中进行最大匹配查询。若在 CS

中包含匹配兴趣包的对应内容，则节点直接将该内容发往相应的请求端口；若 CS 中未发现匹配的内容，则转到 PIT 中进行查询。若在 PIT 中找到与内容名匹配的条目，则将请求端口添加到 PIT 请求端口列表，否则继续查询 FIB；若在 FIB 中发现匹配项，则将该兴趣包向 FIB 指示的下一跳邻居节点进行转发，并在 PIT 中添加该兴趣包的相关条目。若以上情况下均未发现相关的匹配，则丢弃该兴趣包。

4.1.2 内容中心的延迟 / 中断可容忍网络

采用发布 / 订阅通信方式的内容中心网络系统，其数据消息向感兴趣的订阅节点交付的过程是基于内容而非节点的地址。通过对消息的发布者（publisher）和订阅者（subscriber）在时间和空间上的解耦 [144]，内容中心网络体系结构具有极好的网络扩展性及对动态网络的适应性。这使得该网络结构同样适用于延迟 / 中断容忍网络，为节点移动性高、网络中断频繁的动态网络环境提供可行的通信服务。我们把这种通过以内容为中心的发布订阅方式进行内容 / 服务访问的间歇性连通网络称为内容中心的延迟 / 中断容忍网络 CCDTN（Content Centric Delay/ Disruption Tolerant Networks）[145]。

传统的 CCN 通信过程中，通常订阅者的订阅兴趣分组是通过广播的方式在网络中进行分发的，而数据分组则沿着相应的兴趣包的反向路径向订阅用户进行转发，从而完成交付。然而，对于网络拓扑不稳定、通信链路具有间歇性的 DTN 环境来说，订阅者与发布者之间的反向路径不一定存在。因此，依靠兴趣包的反向路径实现数据传输的路由方式无法适用于 CCDTN 的特殊环境，而只能采用 DTN 中的存储—携带—转发的通信方式，利用节点间机会性的接触完成订阅兴趣以及数据分组的分发。具体来说，当两个节点相遇时，双方首先交换彼此的订阅兴趣，若节点缓存中存在匹配兴趣的数据内容，则进行相应的数据交换。此外，若与之相遇的另一节点对某个消息不感兴趣，但是却具有比当前节点更高的可能性完成消息交付时，当前节点也会把该消息推送给对方，选择其作为消息的转发节点。

4.2　CCDTN 中的缓存管理策略

在 CCDTN 环境下，节点间往往缺乏稳定的端到端路径，消息的发布者和订阅者可能无法确切知道对方存在。因此，该类网络中的数据分发往往通过复制的方式来实现。但随着网络规模的不断扩大，订阅、发布的消息数量急剧膨胀，使得节点资源消耗迅速增加，从而导致网络拥塞的发生。因此，当节点缓存不足以容纳新到达的消息时，必须通过有效的缓存管理机制来避免缓存溢出，而消息丢弃机制则是最常用的一种实现手段。目前，已经有许多的研究人员针对延迟容忍环境下的缓存管理机制进行了大量的研究工作。而这些工作的重点主要集中在采用什么测度指标或标准来对丢弃的消息做出最合理的选择。现有的丢弃策略中采用的测度指标大多是节点或消息的相关特征，我们把这些测度指标分为两类：与节点相关的测度指标和与消息相关的测度指标。

4.2.1　与节点相关的测度指标

部分消息丢弃策略依据节点状态的相关测度指标选择丢弃行为，因此，我们将这一类测度指标称为与节点相关的测度指标（Node-related metrics）。典型的与节点相关的测度指标包括：

（1）节点接触历史：在机会社会网络中，节点间的接触往往具有一定的社会性。研究人员提出了许多基于节点接触历史的路由算法，通过统计节点的相遇频率、接触范围等信息来确定消息的转发顺序[51, 146, 147]。然而它很少应用于消息丢弃决策中。直觉上，一个与某消息的目的节点相遇概率低的节点，在今后一段时间内携带该消息完成消息交付的概率也很小。这就是说，这个节点携带该消息对于该消息的交付意义不大。因此，我们考虑将节点的接触历史应用到消息丢弃算法的设计中。

(2)流行度：在内容中心网络环境下，数据是根据用户兴趣(订阅信息)来进行分发的。消息的流行度被定义为网络中对该消息感兴趣的节点的数量，亦即该消息订阅节点的数量。它反映了网络用户对某类特定内容的需求程度。Bjurefors 等人提出了两种基于流行度的消息丢弃算法[137]。一种是 DMI（Drop Most Interested），选择流行度最高的消息进行丢弃。该算法为订阅节点数量少的消息提供了更多的转发机会，有利于保持网络中消息的多样性，但是对消息的整体到达率有一定的负面影响。另一种算法是 DLI（Drop Least Interested），与 DMI 相反，它选择丢弃流行度最低的消息。然而，该机制可能导致那些订阅节点数少或关注度低的消息的消亡。

(3)队列输入/输出速率：节点的队列长度体现了网络通信量的负载情况，然而该测度具有一定的滞后性，无法实时地反映网络的拥塞变化趋势。Burleigh 等人提出一种基于规则的自治拥塞控制机制（ACC）[78]。该机制利用队列的输入/输出速率来评估接收新消息的风险值，据此做出消息的接纳决策。尽管队列输入/输出速率能实时地捕捉网络的拥塞状态，从而提高对拥塞的响应速度，但是它无法用于选择丢弃消息的决策。

4.2.2　与消息相关的测度指标

与消息相关的测度指标指与数据消息自身的属性相关的测度指标，如时间顺序、消息的副本数量及生存周期等。现有的研究中，这类测度指标主要包括：

(1)副本数量：由于存储资源有限，消息的复制容易导致拥塞。因此，实现拥塞避免的关键之一就是控制消息的副本数量。消息副本的数量可以反映网络中数据分发的深度和广度。Bjurefors F. 等[137] 提出的 DMF（Drop Most

Forwarded）算法在缓存不足时选择丢弃具有最大副本数的消息。这不仅可以释放缓存空间、缓解局部拥塞，还能避免消息的过度复制。然而，在机会网络中很难获得像消息副本数量这样的网络全局信息。因此，现有的研究中该测度指标往往利用本地节点统计的消息转发次数来代替。目前还有若干典型的基于副本数的丢弃算法 [105, 138, 148]。

（2）消息的到达时间：采用这一测度指标的丢弃策略主要根据消息进入缓存队列的时间先后来确定消息的丢弃顺序。例如，Lindgren 和 Phanse 提出的 DL（Drop Last）和 DF（Drop Front）算法 [97]，前者选择最近到达的消息进行丢弃；而后者则相反，越早进入队列的消息越先被丢弃。

（3）消息生存时间（TTL）：不论数据分发方式如何不同，消息的交付都必须在其 TTL 之内完成。剩余生存时间的长短一定程度上反映了该消息转发机会的多少。Lindgren A. 和 Phanse K. S.[97] 提出的 DY（Drop Youngest）和 DO（Drop Oldest）就是基于消息生存时间的丢弃策略的典型代表。其中，DY 优先丢弃缓存中剩余生存时间最长的消息。其基本思想是丢弃剩余生存时间越长的消息对其到达率的影响越小，因为这些消息还有较长的时间通过其他节点完成交付。节点应该尽可能地为剩余生存时间短的消息提供更多的转发机会。而 DO 则认为剩余生存时间越短，那么在该消息过期之前完成交付的可能性也就越小，与其消耗紧缺的资源在交付概率不大的消息上，不如舍弃这类消息为交付概率高的消息提供更多的资源和转发机会。因此，DO 选择节点缓存中剩余生存时间最短的消息进行丢弃。

4.2.3　用户兴趣的时效性

除了以上提到的测度指标，一些与用户兴趣相关的重要因素却往往被忽略。我们认为用户兴趣的时效性也是一个对于 CCDTN 中的丢弃决策具有重要意义的关键因素。在现有的研究中，通常假设用户兴趣是长期不变的。然而，实际上用户对某类事件的订阅可能只会持续一定的时间；也就是说，用户兴趣同样具有不同的有效时间，超过这个时间用户就可能失去对该类消息的兴趣而不再订阅。例如，一个音乐迷对音乐有着长期兴趣，但是对于篮球比赛却可能仅在某些时候发生短期的兴趣。另外，手机用户有可能花几十分钟在视频网站上搜索感兴趣的视频，但是他们在手机上的注意力集中时间却没有那么长。如果用户在数分钟内无法获得并观看其想要的内容，他们就会对此失去兴趣。因此，数据在用户失去兴趣后才到达是没有意义的。由此，我们假设每个用户兴趣均具有一个特定的有效时间，并称其为订阅时间（subscription period）。类似于基于消息生存时间的消息丢弃策略，我们认为剩余订阅时间越短的消息在将来的一段时间内完成交付的概率也越低。因此，当节点缓存不足时，丢弃策略应该考虑消息的订阅期限，优先丢弃那些剩余订阅时间最短的消息。

针对 CCDTN 中发布订阅通信方式的特点，本章提出一种基于订阅时效性的缓存管理机制 TVBBM（Temporal Validity Based Buffer Management）。该机制从节点、数据消息以及用户兴趣相关特性的角度来选择合适的消息进行丢弃。通过对现有丢弃策略所使用的常用测度的分析，我们设计了一个新的综合效用，称为丢弃效用（Dropping Utility）。该效用函数的计算不仅考虑了消息订阅量、消息的转发次数以及节点的接触历史信息，更重要的是考虑了节点兴趣的时效性对消息交付的影响，首次将节点兴趣的有效时间作为效用计算的重要参数。该效用可以从节点自身的角度反映各消息的携带价值，从而在拥塞发生时以此确定消息的丢弃顺序，实现有效的拥塞避免。

4.3　TVBBM 机制

本节我们将给出丢弃效用的具体计算方法并详细描述 TVBBM 机制的工作原理。

4.3.1　效用的计算

影响缓存管理决策的因素并不是单一的。为了产生更合理的决策，实现网络性能的优化，我们定义了一个多属性的效用来选择合适的消息进行丢弃。

第一个效用属性是消息的转发次数。令 M_i 表示满足兴趣 i 的数据消息，f_num_i 为 M_i 的转发次数。初始状态下，所有消息的转发次数设为 1。消息每被转发一次，其转发次数就相应地加 1。当采用多副本机会转发机制时，该属性在某种程度上反映了该消息在网络中的副本数量。而丢弃副本数多的消息显然比丢弃副本数少的消息对到达率的影响更小。

第二个属性是消息的流行度。我们假设兴趣 i 的订阅者集合为 $S_i=\{s_{i1}, s_{i2}, \cdots, s_{ik}, \cdots\}$，那么消息 M_i 的流行度则可以表示为 S_i 的基数，即集合 S_i 的成员个数，记为 p_i。为了保持消息的多样性，避免某些冷门消息因丢弃而消亡，具有最高流行度的消息应被优先丢弃。

第三个属性是接触比例，它被定义为某消息的所有订阅节点中，与当前节点相遇的订阅节点所占的比例。从消息的角度来说，与消息订阅节点的接触比例越大的节点越适合作为中继节点来携带该消息。因为这个节点更有可能与对该消息感兴趣的订阅节点相遇，完成消息的交付，从而达到更高的消息到达率。因此，节点应优先丢弃与其订阅节点接触比例最小的消息。假设在一段时间内，对匹配兴趣 i 的消息感兴趣的订阅节点中与当前节点相遇过的节点数量为 c_i，CP_i 表示其接触比例。那么可知：

$$CP_i = \frac{c_i}{p_i} \tag{4-1}$$

最后，我们将消息的剩余订阅时间作为第四个效用属性，并赋予剩余订阅时间更短的消息以更高的丢弃优先级。假定 sub_{ik} 表示集合 S_i 中由第 k 个订阅节点产生的对匹配兴趣 i 的消息的订阅信息，SP_{ik} 表示 sub_{ik} 的订阅时间，RSP_{ik} 则代表其剩余订阅时间。那么，sub_{ik} 的剩余订阅时间比可以表示为：

$$\theta_{ik} = \frac{RSP_{ik}}{SP_{ik}} \tag{4-2}$$

由于在多对多的通信方式下，可能存在多个对同一类型消息感兴趣的订阅节点，并且它们的订阅时间也可能完全不同。一般的方法是计算各个订阅者剩余订阅时间比的平均值来评价兴趣有效时间。然而，当前节点与各订阅节点之间可能具有不同的接触频率，而接触频率的高低反映了节点间联系的紧密程度。与当前节点接触频率越高的订阅节点，其剩余订阅时间的长短在平均值计算中所占的比重就越大。因此，简单的算术平均是不合适的。本章中我们采用各节点剩余订阅时间比例的加权平均值来表示该效用属性。其权重由各订阅节点与当前节点的接触频率决定。

假定当前节点与第 k 个订阅节点的相遇次数为 ct_k，则各节点剩余订阅时间比例的加权平均值可由式(4-3)计算得到：

$$\hat{\theta}_i = p_i \cdot \sum_{k=1}^{c_i} \frac{ct_k \cdot \theta_{ik}}{\sum\limits_{k=1}^{c_i} ct_k} \tag{4-3}$$

因此，M_i 的丢弃效用的计算公式如下所示：

$$U_{M_i} = \frac{p_i \cdot f\_num_{M_i}}{CP_i \cdot \hat{\theta}_i} = \frac{p_i \cdot f\_num_{M_i}}{\dfrac{c_i}{p_i} \cdot \sum\limits_{k=1}^{c_i} \dfrac{ct_k \cdot \theta_{ik}}{\sum\limits_{k=1}^{c_i} ct_k}} \tag{4-4}$$

4.3.2 算法设计

当新消息到达时，TVBBM 处理消息的具体过程如下：

(1)首先，节点将检查所有消息(包括新到的消息以及存储于缓存中的其他消息)的 TTL，所有过期的消息都将被立即丢弃。

(2)如果新到达的消息并未过期，同时节点缓存较充足，则接收该消息。

(3)如果新到达消息未过期但是节点缓存不足，则节点将根据式(4-4)计算各消息的丢弃效用值，然后选择效用值最高的消息进行丢弃。

4.4　性能评估

本节我们通过仿真结果来证明 TVBBM 机制较之现有的其他机制在性能上的优越性。

4.4.1　实验环境

我们使用了赫尔辛基大学开发的 ONE（Opportunistic Networking Environment）simulator 进行仿真实验，将 TVBBM 与 DMF（Drop Most Forwarded）、DMI（Drop Most Interested）及 RANDOM 这 3 种消息丢弃机制进行性能比较。我们认为 TVBBM 算法的优势主要得益于我们利用了消息的订阅时间来辅助消息丢弃的决策。为了定量地表现出使用该测度带来的好处，我们在实验中增加了一个不考虑消息订阅时间的简化算法——TVBBM* 来作为另一个比较对象。同时对于实验中使用的路由协议，我们分别采用了 DTN 环境下两种最具代表性的路由算法：Epidemic 和 Prophet。我们选择了以下 3 个主要的性能指标来评估上述机制的优劣。

(1)消息到达率，单个消息的到达率被定义为成功接收了某个消息的订阅节点数量占该消息订阅节点总数的比例。网络中总的平均消息到达率即各消息到达率的平均值。

(2)消息分发速度，该指标被定义为给定时间内网络中成功到达的消息数。

(3)网络开销，该指标被定义为消息成功到达其订阅节点所需的平均转发次数。

我们采用的仿真场景具体如下：125 个节点被分成 6 组，在一个 4 500 m×3 400 m 的区域内移动，节点的运动采用 ONE 默认的基于赫尔辛基城市地图的移动模型。节点通信范围为100 m，数据传输速率为2 Mbps。其中，第1、2组节点代表步行者，其移动速度为1.8~5.4 km/h；第3、4组节点代表汽车，移动速度为10~50 km/h；最后两组为有轨电车，移动速度为25~36 km/h。

在仿真过程中，每个节点各拥有三类不同的兴趣并能周期性地生成两类不同的数据消息。节点兴趣以及消息的类型均从一个容量为100的主题池中以随机方式选出。仿真时间为12 h，节点每隔25~35 s生成一个大小为100KB的消息，消息的TTL为6 h。此外，用户兴趣在仿真过程中可能过时，其有效时间（单位为h）服从 [0.5, 6] 区间上的均匀分布。消息只有在其订阅节点的订阅时间内到达才算作一次成功的交付。

4.4.2 仿真结果及分析

1. 消息到达率

本小节我们对不同机制下的消息到达率进行比较。图4-2为节点缓存大小为10MB时，各消息丢弃机制获得的消息到达率。由于TVBBM机制在消息丢弃决策时全面地考虑了多个相关因素，因此取得了最佳的效果。以使用Prophet路由协议的场景为例，TVBBM的到达率比TVBBM*、DMF、DMI和RANDOM分别高出了4%、10.4%、18.5%和13%，这也证实了将消息订阅时间作为决策依据的有效性。各机制下的消息到达率随节点缓存大小变化的情况如图4-3和图4-4所示。从图4-3我们不难发现，使用Prophet路由协议的场景下，所有的5种丢弃机制在节点缓存较小时的到达率均较低。随着缓存的增加，各机制的消息到达率随之增加，同时TVBBM的优势越发明显。DMF选择丢弃转发次数最多的消息，避免了消息的过度复制并为流行度低的消息提供了相对公平的传输机会。而DMI选择了最感兴趣的消息进行丢弃，但是，订阅节点数量最多的消息不一定是复制次数最多的消息。有时，DMI可能丢弃一个流行度高但副本数很少的消息，从而一定程度上影响了它的消息到达率。因此，

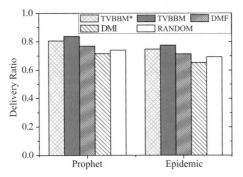

图 4-2　各丢弃机制在 10MB 缓存下的消息到达率

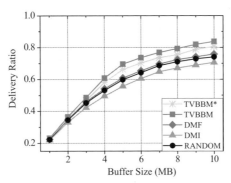

图 4-3　Prophet 路由协议下消息到达率随缓存变化的情况

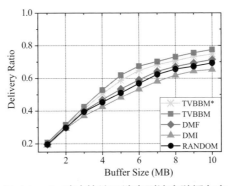

图 4-4　Epidemic 路由协议下消息到达率随缓存变化的情况

图中 DMF 的到达率略高于 RANDOM，而 DMI 获得的到达率最低。图4-4为
采用 Epidemic 路由协议时的到达率情况，我们得到了十分相似的结果，只是
消息到达率稍低于图4-3。这一差别主要是由于二者所采用的转发策略不同造

成的。Epidemic 采用了简单的洪泛的方式进行消息的转发，而 Prophet 则仅将消息转发给更有可能完成消息交付的节点。因此在缓存资源有限的情况下，5 种丢弃机制在采用 Prophet 路由协议时的到达率略高于采用 Epidemic 时的情况。

2. 消息分发速度

为了进一步分析不同消息丢弃机制对消息分发速度的影响，图4-5和图4-6 显示了以上5种丢弃机制的累积到达率与平均延迟的关系。通常，消息的转发次数越多说明它停留在网络中的时间也越长。从这个角度来说，DMF 丢弃转发次数最多的消息也就意味着 TTL 更长的消息将得到优先的转发机会。因此，DMF 获得了比 DMI 和 RANDOM 更短的到达延迟。而 TVBBM* 和 TVBBM 在选择丢弃消息时，不仅考虑了消息的转发次数，还综合了消息的流行度以及节点接触历史信息，为交付概率高的消息提供更多的转发机会，因此显著地提高了转发效率，同时分发速度也明显快于其他三种机制。此外，由于进一步考虑了消息的订阅时间，TVBBM 赋予剩余订阅时间更长的消息更高的转发优先级，因此它超过 TVBBM*，获得了最快的消息分发速度。由图4-5和图4-6可知，在相同的时间内，TVBBM 完成了最多的消息交付。以图4-5为例，在平均延迟达到3 000 s 时，TVBBM 成功地交付了70% 的消息，分别超过同时刻 TVBBM*、DMF、RANDOM 和 DMI 交付比例的4.4%、10.8%、18.5% 和23.6%。

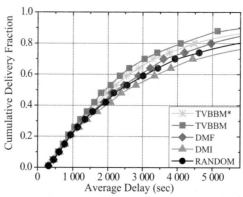

图4-5 Prophet 路由协议下 10MB 缓存时累积消息到达率与平均延迟的关系

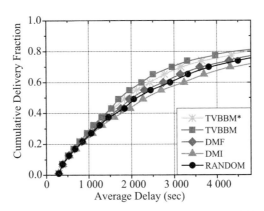

图 4-6　Epidemic 路由协议下 10MB 缓存时累积消息到达率与平均延迟的关系

3．网络开销

最后我们比较5种丢弃机制的网络开销。由于缓存资源受限，节点不得不丢弃某些消息以避免缓存溢出，并通过重传来确保较高的消息到达率。因此，完成消息的交付所需的平均转发次数反映了各机制消息分发的网络开销。如图4-7和图4-8所示，随着缓存的增加，消息得到了更多的存储空间，这导致消息丢弃和重传的减少，因而各机制的开销比逐渐降低。TVBBM 综合考虑多个相关因素，选择丢弃效用最高的消息进行丢弃，有效地减少了由于丢弃而造成的消息重传，从而以最少的转发完成了消息的交付。采用 Prophet 路由协议时的场景如图4-7所示，在节点缓存为10MB 时，TVBBM 平均经过3.44次转发完成消息的交付，转发次数比 TVBBM*、DMF、RANDOM 和 DMI 分别低了约2.47%、10.88%、14.21%及18.48%。图4-8为采用 Epidemic 路由时的开销情况，我们得到了相似的结果。然而由于 Prophet 具有选择性的转发策略，它更好地控制了资源的消耗，因此，从图4-7和图4-8的对比中我们发现，Prophet 路由下各机制的开销略低于采用 Epidemic 路由时的情况。

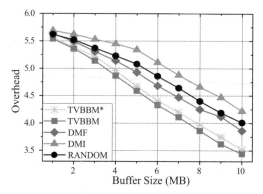

图 4-7 Prophet 路由协议下缓存不同时的网络开销

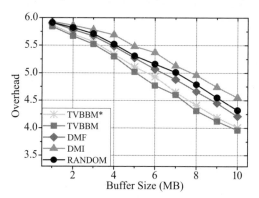

图 4-8 Epidemic 路由协议下缓存不同时的网络开销

4.5 小 结

本章在深入研究了 CCDTN 中现有的消息丢弃机制的基础上，对丢弃决策中的一些常用测度指标做了进一步的分析。我们认为用户兴趣的时效性是一个非常重要的影响因素，消息丢弃策略中将其作为相关的测度指标有利于决策的优化。因此，我们全面考虑了节点、消息的有关特性以及用户兴趣的时效性，定义了一个综合的效用，并提出了一个基于效用的缓存管理机制——TVBBM。仿真结果表明，我们的机制获得了较高的消息到达率、较快的消息分发速度以及较小的网络开销比。

第 5 章　基于节点介数的拥塞感知路由算法

在一些现实的网络应用环境中，节点的移动以及网络拓扑连接的变化存在明显的规律性和重复性。现有的路由算法通常根据网络完全或部分的先验知识，利用经典的最短路径算法预先确定节点间的转发路径。针对这些算法对网络状态变化缺乏自适应能力，容易导致负载不均而造成节点拥塞的问题，本章提出一种基于节点介数的拥塞感知路由算法，该算法根据网络拓扑的时空演化图计算出节点间延时开销最小的多条备选路径，并引入节点介数这一测度指标来反映节点的负载情况。在转发路径的选择过程中，结合路径的延迟开销和路径的介数值来确定各条备选路径的选中概率。通过在备选路径集合内的概率性选择，避免了网络负载过度集中于部分活跃节点而导致的局部拥塞现象，提高了网络消息的交付性能。

5.1　确定性 DTN 路由概述

确定性网络通常指节点按照特定的移动轨迹运动，节点间的接触可以预知或者具有确定的时间规律的网络，例如卫星网络、公交车载网络等。确定性路由策略一般通过网络的确定性的特征，构建一个以一定规律随时间演变的拓扑图集合，然后将路由选择转换为在这一组图上利用图论的经典算法求解最短路径、最小延迟路径或最小开销路径的问题。目前，研究人员已经针对该问题展开了大量的研究工作。

现有的路由算法可分为源路由和逐跳路由两种模式。源路由算法中，完整的消息转发路径信息由源节点决定并以某种方式携带于消息中，该路径一旦确定在消息传输的过程中即不再改变。在消息按照预定路径等待可用的下一跳节点时，即使遇到更合适的转发机会(比如直接与目的节点相遇)，节点也无法对转发路径进行合理的调整。因此这类算法往往对于网络状态的变化缺乏适应性和灵活性，从而导致路由决策的结果可能与实际的最优选择存在明显的偏差，影响了算法的实际性能。典型的此类算法如 Jain 和 Fall 等人 [26] 提出的 MED（Minimum Expected Delay）算法和 ED（Earliest Delivery）算法。该算法先将 DTN 形式化为一个多图，然后在此基础上分别基于接触统计信息和节点实时接触信息，利用改进的 Dijkstra 算法来求解最小开销路径。

与之相反，逐跳路由算法允许节点利用诸如节点接触信息及缓存队列信息等本地信息自主地决定合适的下一跳转发节点。例如，Merugu 和 Ammar 等人 [17] 提出的时空路由算法，从时间和空间两个维度来描述网络拓扑的动态变化，将时变网络转化为静态网络，然后利用改进的 Floyd-Warshall 算法来求解最小延迟路径。该框架下，各节点建立一张时空路由表，通过目标节点及消息的到达时刻来选择合适的下一跳节点。类似的还包括 Fischer[31] 针对节点运动轨迹可预测的场景提出的基于链路状态的路由算法 PLSR。该算法假定存在一个特定的时隙，在该时隙内网络拓扑保持不变。通过将时间离散化，把动态网络拓扑转化为一个静态网络拓扑快照序列，节点根据该快照序列完成转发路径的选择。Liu 等人提出了 RCM[32] 的路由算法，该算法在假定 DTN 网络节点的移动具有一定的循环模式的情况下，认为在上一个循环中的某时段相遇的节点对将具有较高的概率在下一个循环的相同时段再次相遇。因此，RCM 路由算法构建了一个概率时间—空间图模型，并通过消除时间维度将其转换为概率状态空间图，从而利用马尔可夫决策过程计算节点之间的期望最小延迟。该算法利用循环移动的特征实现了对节点间分发延迟较准确的估计，从而以较小的资源消耗获得了较好的交付性能。此外，C. Liu 和 J. Wu[29] 在假定节点静止或做规律性运动的前提下，利用多级聚类构建了一个分等级的 DTN 网络模型，在该模型下提出了一种可扩展的分级路由算法 DHR。该算法通过相遇信息来反映网络物理拓扑的时变特征，并采用组合压缩算法在不影响路由性能的情况下删减部分无关的或次要的链路信息以控制网络开销。该类算法的路由决策能根据本地节点实时的网络状态进行调整。然而，由于获取的网络信息的局部性，路由选择的结果无法保证最优性，并且容易导致路由环路的问题。

当大量的消息涌入网络时，由于 DTN 节点的缓存往往非常有限，而消息又可能得不到迅速的转发，因此，极易形成传输瓶颈，造成网络拥塞。不幸的是，上述的两类算法大多没有全面地考虑节点的拥塞状态，使得某些节点发生拥塞时，节点在选择路径时却无法自适应地避开拥塞区域，从而使得实际效果远远地偏离了算法的最优目标。

有学者 [108-110] 提出在节点拥塞时，利用网络节点的分布式存储能力，通过存储转移，将部分消息暂时性地转移到缓存空间较充裕的邻居节点来缓解拥塞，等到拥塞解除之后再取回消息履行保管传输的职责。但是该类方法中接受转移的邻居节点并不提供对转入消息的保管职能，无法保证转移消息的正确取回。比如，转移出去的消息在被原携带节点取回之前可能由于寄存节点缓存不足而被丢弃。此外，由于节点的移动性，取回消息的过程必然造成更大的传输延迟。另一些路由算法通过对网络拥塞状态的估计在路由选择时实现拥塞避免。这类算法的有效性依赖于对拥塞状态的评估的准确性，因此关于拥塞检测测度的选择尤为重要。Jain 等 [26] 提出了 2 种基于全局信息的路由算法——EDAQ 和 LP。其中 EDAQ 路由算法在 ED 的基础上通过全局缓存队列信息来实现算法的优化，而 LP 则假设节点接触信息、缓存队列信息以及流量需求信息等全部网络信息均可预先获知，然后将最优路径选择转化为线性规划问题进行求解。然而，由于 DTN 连接的间歇性，全局网络信息的获取几乎不可能，这使得这些算法的现实意义不大。更可行的方式是通过合适的本地信息替代全局信息来指示拥塞。EDLQ 算法 [26] 利用本地节点缓存队列的实时信息来选择最优路径。但是该算法仅仅根据当前节点的输出队列的排队延时绕开一跳范围内的拥塞节点，而未考虑可能遇到的其他节点的缓存情况，因此，无法避免节点拥塞导致的消息丢失。Yue C. 等 [149] 利用节点丢弃和接收到的消息数构造了一个评估函数来预测网络的拥塞状态，然后根据预测信息提前对节点缓存资源进行调度分配来实现拥塞的避免。S. Burleigh 等 [78] 运用经济学模型，通过消息输入速率等信息来评估消息接收带来的拥塞风险。然而，消息的输入速率以及缓存队列长度具有较大的不稳定性，以此作为拥塞指标容易由于测度值自身波动而影响拥塞判断的准确性。

本章针对节点运动轨迹具有规律性或可预测的确定性场景，提出一种带拥塞避免的源路由算法 BCBCA。该算法利用节点接触的全局信息生成时空演化图，通过改进的 Dijkstra 算法求解最优路径。与已有算法的不同在于，BCBCA 将计算出的延时开销最短的多条路径构成备选路径集合，并综合了节点介数这一属性，以此估计节点的拥塞状态，从而在路由选择时有效地避开拥塞节点或区域，并使网络负载更均衡地分布到合适的周边节点，实现了消息交付率及传输延迟的优化。

5.2 网络模型

由于 DTN 网络连接的动态特性，其拓扑往往随时间发生变化。某些特殊的 DTN 网络，如近地轨道卫星网络、交通运输网络等，其拓扑的变化可以较准确地预测甚至遵循固定的时间表。我们可以将确定时间的 DTN 网络看成一个随时间变化的无限网络序列 $\mathcal{N} = \cdots, \mathcal{N}_{t-1}, \mathcal{N}_t, \mathcal{N}_{t+1}, \cdots$。令 V 和 E 分别表示节点和边，t 为时间变量，一个时间相关网络可表示为 $G(t) = (V(t), E(t))$。图 5-1 描述了一个动态网络在 4 个不同时间间隔内的网络拓扑快照。显然，在单个时间间隔内，A 和 G 之间并不存在直接的端到端连接。但是，随着时间的推移，消息依次通过节点 B、C、E 可以实现 A 到 G 的交付。

我们将时间离散化为一个时间序列 $T = t_0, t_1, \cdots, t_i, t_{i+1}, \cdots$，$t_i$ 表示第 i 个时间间隔。利用演化图理论，该时间相关网络可转化为一个随时间有序变化的子拓扑图序列 $G(t) = \bigcup_{i=1}^{n} G_i$，其中 G_i 为第 i 个时间间隔内的网络子图。对于任意的节点对 (u, v) 而言，虽然在同一个时间间隔内可能不存在直接的端到端路径，但是将 $G(t)$ 中的多个子图按时间顺序叠加起来，却可能找到时间上的转发路径(为了简单起见，后文中均简称转发路径)。以图 5-1 网络为例，我们可以得到对应的网络演化图形式，如图 5-2 所示。

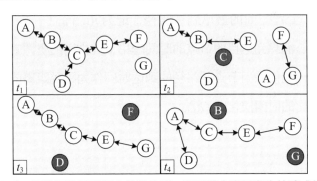

图 5-1　网络拓扑随时间变化的快照，阴影节点表示发生故障或休眠

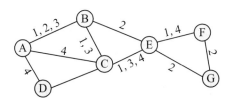

图 5-2　根据图 5-1 得到的网络演化图

本章中，我们假设网络由 n 个同类型节点组成，每个节点具有相同的存储能力和通信能力(节点缓存大小、传输带宽及通信半径均相同)，并受到同样的能量限制。同时，各节点均能在一定区域内按确定的轨迹做规律性的重复运动，且所有节点的移动轨迹信息都可以预先获知。那么在该网络模型下，根据整个网络拓扑变化的确定时间表，节点可以利用网络的时空演化图 $G(t)$ 来计算某一时刻到任意目的节点的最佳转发路径，并采用单副本路由方式完成消息的分发。令 $j(u, v)=u, \cdots, e_i, e_{i+1}, \cdots, v$ 表示任意节点对 u 到 v 之间的一条转发路径，而沿着该路径到达最终节点 v 的时间称为路径到达时间，记为 $|j(u, v)|_a$。其中，u、v 以及 e_n 均为 $G(t)$ 中的节点。由于网络节点之间可能存在多条时间上的转发路径，因此节点 u 和 v 之间的路径集合可以表示为 $J(u, v)=\{j_1, j_2, \cdots, j_k\}$，而对应的路径到达时间记为 $|J(u, v)|_a=\{|j_1|_a, |j_2|_a, \cdots, |j_k|_a\}$。我们将从节点 u 最先到达节点 v 的路径的到达时间定义为时空演化图 $G(t)$ 中节点 u、v 间的最早到达时间，记为 $a(u, v)=\min\{|J(u, v)|_a\}$，相应的转发路径称为节点 u、v 间的最早到达路径，记为 $j(u, v)_{earliest}$。在 DTN 节点资源有限的情况下，消息到达目的节点的时间越早，其占用的资源就可以更早地得到释放。因此，我们采用节点间路径的到达时间作为路径距离的度量，构建已知网络拓扑变化的时间演化图 $G(t)$。

5.3 BCBCA 路由算法

我们提出一种优化的源路由选择协议，根据网络的演化图，利用改进的时变开销的 Dijkstra 算法选出时延最短的前 w 条可选路径，然后综合多个属性确定各备选路径的选择概率，实现消息路由决策的优化。

5.3.1　生成备选路径集

消息的端到端时延是我们考虑的第一决策属性。尽管 DTN 网络具有延迟容忍的特点，但是尽可能快速地实现消息交付仍然是传输协议设计的重要目标。所以，在路由选择时，能最快到达目的节点的路径仍是我们优先考虑的对象。但是如果单一根据该属性利用经典的最短路径算法选择最短延迟路径进行消息转发，可能存在部分活跃节点位于多条最短路径之上的情况；换而言之，这些节点在路由决策中被选中成为多条最短路径上的转发节点。因此，通过这些节点的网络流量将会更大，节点资源迅速消耗，从而成为传输瓶颈，并使得先前的路由决策失效。

为此，在我们的算法中，节点首先根据预先获知的确定性连接关系生成相应的网络演化图，然后以路径到达目的节点的到达时刻为测度指标，通过改进 Xuan 等人提出的计算最早到达路径（Foremost journeys）的 UFJs 算法[34] 来确定备选路径。与现有大多数的算法根据时延或距离等度量计算得到唯一的候选路径不同，我们计算并记录任意时刻任意节点对间的前 w（$w>1$）条最早到达路径构成备选路径集 $J_{can}=\{j_1, j_2, \cdots, j_w\}$，然后从备选路径集中以一定的概率选出最终的转发路径。生成备选路径集合的算法伪代码如图5-3所示。

5.3.2　选择转发路由

为了避免按照传统的最短路径算法得到的转发路径过度地集中于部分活跃节点从而造成的局部拥塞问题，我们通过统计一段时间内各消息的实际转发路径信息来反映网络负载的分布情况。本章中定义某个节点的介数为所有消息的实际转发路径集合中经过该节点的路径数量，并以此作为路由决策的第二属性。而一条路径上所有节点介数的最大值被定义为该路径的介数。我们认为，一定时间间隔内节点的介数越大，其资源耗尽的可能性越大，相应地，经过该节点的路径发生拥塞的概率也越高。因此，在路由选择时应在保证较短延迟的前提下尽量选择介数较小的节点来构成转发路径。

Definitions:

    G: an evolving graph

    s: the source node d: the destination node

    w: the number of earliest journeys to find

    Q: a heap data structure containing journeys

    J: the set of shortest journeys from s to d

    $J[i]$: the i-th candidate journey from s to d

    node(i): the i-th node in a journey

    nodes(m, n): the sequence of nodes from the m-th node to the n-th node in a journey

    edge(m, n): the link from the m-th node to the n-th node in a journey

Algorithm 1:

CJSetGenerate(G, s, d)

    $J[0]$ = UFJs(G, s, d);   // find the earliest arrival journey

    Q=[];

    for i from 1 to w

        for k from 0 to size($J[i-1]$)-1

            spurNode = $J[i-1]$.node(k);

            rootJourney = $J[i-1]$.nodes(0, k);

            for each journey j in J

                if rootJourney == j.nodes(0, k) **then**

                    remove j.edge(k, k+1) from G;

                end if

            end for

            spurJourney = UFJs(G, spurNode, d);

            entireJourney = rootJourney + spurJourney;

            Q.append(entireJourney);

            restore edges to G;

        end for

        Q.sort();

        $J[i]$ = $Q[0]$;

    end for

    return J;

图 5-3　备选路径集生成算法伪代码

为了获得较准确的节点介数信息，网络中各节点均维持了一张节点介数表，节点根据各消息实际选择的转发路径，统计各节点的介数值。新消息的源路由生成或者节点的相遇都会触发相关节点介数值的更新。令 c_{N_k} 表示节点 N_k

的介数值，则 $N_i.c_{N_k}$ 表示节点 N_i 的节点介数表中记录的节点 N_k 的介数值。若节点 N_i 生成了新消息 M，并确定了 M 的转发路径 $j_u=\{N_i, N_j, \cdots, N_k\}$，其中，$N_i$、$N_j$ 和 N_k 表示构成该转发路径的节点。那么 N_i 会将本地介数表中 j_u 经过的所有节点的介数值加 1。为了使节点介数值能体现网络全局的负载状态，节点同时应该根据其他节点的路径选择更新各自的节点介数表。然而在 DTN 中直接获取所有节点的路径信息是不现实的，因此，我们利用节点间的机会性接触来交换彼此的介数表，并将各节点的介数值更新为两相遇节点的介数表中相应节点的介数值之和，即，若 N_i 与 N_k 相遇，则任意节点 N_m 的介数值更新为：

$$N_i.c_{N_{m\_new}} = N_k.c_{N_{m\_new}} = N_i.c_{N_{m\_old}} + N_k.c_{N_{m\_old}} \tag{5-1}$$

路由决策时，我们采用了一种概率性的路径选择机制，结合路径的到达时间和节点介数这两个属性，以不同的概率从多条备选路径中选出实际的消息转发路径，从而将网络流量分散到多条路径上，在保证较短的交付延迟的同时实现负载的均衡。具体来说，当有新消息产生时，根据网络演化图计算源节点到目的节点的 w 条对应的备选路径，然后根据路径的到达时间和路径中节点的最大介数值确定各路径的选中概率，并从中概率性地选择实际转发路径。为了减少存储和计算开销，算法的实现过程中，节点为每对节点存储的备选路径上限值 w 被设为 5。令 c_{j_i} 表示当前路径 j_i 的介数采样值，$|j_i|_a$ 为路径 j_i 的到达时间，则任意备选路径 $j_i (i \leqslant w)$ 被选中的概率 P_{j_i} 为：

$$p_{j_i} = \frac{\dfrac{1}{|j_i|_a \cdot c_{j_i}}}{\displaystyle\sum_{i=1}^{w} \dfrac{1}{|j_i|_a \cdot c_{j_i}}} \tag{5-2}$$

在网络演化图已知的情况下，式 (5-2) 中 $|j_i|_a$ 是确定的，因此各路径的选中概率的变化主要由介数值 c_{j_i} 决定。实际环境中，节点介数值的变化量与消息的生成频率和节点的相遇频率有较大关系，而节点介数值变化量较小时对路径选中概率的影响并不明显，因此，为了避免无效的重复计算，减少节点的计

算开销，我们选择一个更新周期时间 $T_{sampling}$ 来对本地介数表中各节点的介数值进行采样，利用当前的介数采样值重新计算各备选路径的选中概率并完成最终路径的选择。每次采样完成后，介数表中各节点的介数值随即初始化为1，并重新开始统计。BCBCA 算法的伪代码描述如图5-4所示。

Definitions:
G: an evolving graph V_G: the set of vertices in G
s: the source node d: the destination node
$T_{sampling}$: betweenness sampling period
T: the current time whose original value is 0
j_i: a candidate journey of a given node pair
$J_{can}(u, v)$: the candidate set of journeys from u to v
c_v: the betweenness of node v
p_{j_i}: the selective probability of j_i

Algorithm 2: BCBCA(G, $T_{sampling}$)
for each node pair (s, d), where $s{\neq}d{\in}V_G$
     $J_{can}(s, d)$= CandidateJourneySetGenerate (G, s, d);
end for
if $T \% T_{sampling}{=}{=}0$ **then**
     for each candidate journey j_i of any node pairs

$$\text{update } p_{j_i} = \frac{\dfrac{1}{|j_i|_a \cdot c_{j_i}}}{\sum_{i=1}^{w} \dfrac{1}{|j_i|_a \cdot c_{j_i}}} ;$$

     for each node $u{\in}V_G$
         $c_u{=}1$;
     end for
     end for
end if

if a new message is created by node u and its destination is d **then**
     pick out one journey j_p from $J_{alt}(u, d)$ for message transmission with the given selective probability;
     for each node $v{\in}j_p$
         $c_v{+}{+}$;
     end for
end if

if node u encounters node v **then**
     exchange the betweenness tables each other;
     for all node $k{\in}V_G$
         $u.c_k = v.c_k = u.c_k{+}v.c_k$;
     end for
end if

图 5-4　BCBCA 算法的伪代码

5.4 性能评估

5.4.1 仿真场景

25 个移动节点在一个 4 500 m×3 400 m 的地图上分别按照一定的轨迹做重复规律性的运动。我们假设各节点的移动轨迹是可预知的，于是可以得到该网络的演化图，如图 5-5 所示。图中各边上的编号代表时间离散化后的时隙序号，其中时隙长度为 30 s。实验中，消息大小固定为 100 KB，消息生存时间为 300 m。节点缓存设为 5 MB，通信半径均为 100 m，数据传输速率为 250 Kbps。仿真过程持续 12 h。为了充分地反映我们的路由算法的性能优势，我们选择了其他 3 种典型 DTN 路由算法进行对比，分别是无拥塞避免的源路由选择 MED，通过节点本地缓存队列信息实现拥塞避免的 EDLQ 算法，MaxProp 路由算法。性能分析主要围绕消息的到达率、交付延迟以及负载分布 3 个性能指标进行。

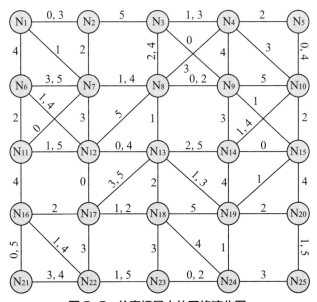

图 5-5 仿真场景中的网络演化图

5.4.2 介数采样周期

如前所述，在我们的算法中，节点按固定的采样周期 $T_{sampling}$ 从本地的节点介数表中获取各节点的介数值，以实现备选路径选择概率的更新。从直觉上来说，采样周期越短，采样结果越能实时地反映当前的网络状态，对于我们的算法实现准确有效地拥塞避免是有利的。然而，采样周期过短同样可能导致不必要的计算和处理开销；相反，较长的采样周期避免了频繁的计算和更新，降低了开销。但是采样值却无法准确地追踪网络状态的动态变化，从而影响了路由决策的性能。本小节，我们通过改变节点介数采样周期的长度，观察 $T_{sampling}$ 对我们算法的消息到达率的影响，从而为算法选择合理的 $T_{sampling}$ 值。如图5-6所示，当 $T_{sampling}$ 小于180 s 时，采样周期对消息到达率的影响并不明显，从图中可以发现，消息到达率均在68.2%附近轻微波动。而在超过180 s 后，随着 $T_{sampling}$ 的增大，消息到达率出现明显下降的趋势。因此，为了达到算法性能和开销的折中，在我们的仿真场景中，节点介数采样周期 $T_{sampling}$ 设为180 s。

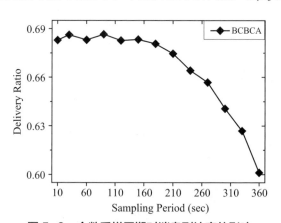

图 5-6　介数采样周期对消息到达率的影响

5.4.3 消息到达率

本节我们针对消息到达率对不同的算法进行比较。图5-7为采用不同算法时，消息到达率随拥塞状态变化的情况。仿真过程中，我们通过缩短消息的生

成间隔时间 $T_{interval}$ 来增加网络的通信量，模拟网络拥塞加剧的效果。从图中我们易见，随着拥塞程度的加剧（消息生成间隔减小），各算法的消息到达率均明显下降。MED 是以各链路平均延时为开销函数的时不变 Dijkstra 算法，然而该算法并未考虑消息在节点缓存中的排队延迟。同时，MED 中转发路径一经确定就不能根据实时的网络状态进行调整，即使遇到了更合适的转发节点也不再更新路由结果。这使得 MED 无法通过动态的路由选择绕开拥塞节点以避免由于节点缓存不足而造成的消息丢失，从而导致 MED 计算出的转发路径远非实际的最优选择。因此，MED 的消息到达率最低，$T_{interval}$=15 s 时的到达率仅为37.23%。EDLQ 算法在链路瞬时延时的基础上考虑了本地节点的缓存队列情况，路由决策的时刻更加准确，减小了路径延时计算的误差。因此该算法获得了更高的消息到达率，在 $T_{interval}$=15 s 时，其消息到达率较之 MED 提高了21.3% 左右。但是 EDLQ 并未考虑消息转发路径上其他节点的队列状态，无法避免消息由于节点拥塞而导致的强制性丢失，一定程度上影响了其在节点资源受限情况下的性能。而 MaxProp 通过对节点移动模式的学习，利用路径历史信息确定消息的转发优先级，实现了路由决策和缓存资源分配的优化，同时辅以消息确认机制，有效地减少了网络的冗余消息数量，因而具有较强的拥塞处理能力。从仿真结果中我们可以看到，MaxProp 略优于 EDLQ，获得了次优的消息到达率。相比之下，我们的 BCBCA 算法采用从多条备选路径中实现消息转发路径的概率选择的方式，并根据节点介数值的实时统计动态调整路径的选中概率，更有效地实现了拥塞避免，因而获得了最佳的消息到达率。如图5-7所示，即使在拥塞程度较重时（如 $T_{interval}$=15 s 时），BCBCA 比 MED、EDLQ 和 MaxProp 分别高出了37.3%、13.2% 和8%。

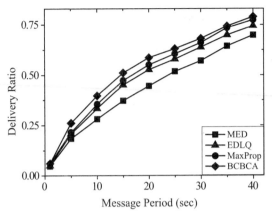

图 5-7 不同路由协议下消息到达率随消息生成间隔的变化

5.4.4 平均传输延迟

图 5-8 说明了不同算法的消息平均传输延迟随消息生成间隔时间增加的变化趋势。从图中我们发现，随着消息生成间隔的增长，4 种算法的平均延迟首先出现了明显的上升（如图 5-8 中消息生成间隔小于 15 s 之前的情况），然后又逐渐开始下降。造成两个阶段迥异的变化趋势的主要原因是，当消息生成间隔较小时，较大的网络通信量造成了严重的拥塞现象。这导致节点为了避免缓存过载而被迫大量地丢弃消息，消息在网络中的停留时间十分有限，只有少量转发路径较短的消息能在较短的时间内被送达目的节点，因此，消息的平均延迟相对较小。随着通信量的减少，拥塞的减轻降低了消息丢弃的发生概率，使得消息获得了更多的时间来得到转发，从而导致在消息生成间隔增加的开始阶段，平均传输延迟也出现了增长的现象。而当消息生成间隔继续延长，拥塞得到进一步的缓解甚至消除。节点缓存的消耗速度减慢，通信机会和频率相对增加，从而使得节点能够更快地将消息转发出去，更早地完成消息交付。因此，在消息生成间隔超过 15 s 之后，消息的平均延迟逐渐减少。同时，从图 5-8 中我们还可以清楚地看到，EDLQ 在考虑发送延迟和传播延迟的基础上还综合了消息在节点缓存中的排队等待时延来选择能够最先到达目的节点的路径进行消

息转发，保证了消息的快速交付，获得了最短的平均延迟。而 MED 在计算路径的到达时间时并未考虑消息间资源竞争对时延的影响。实际情况中，消息在缓存中的排队等待以及由于预定路径上的下一跳节点缓存不足造成的转发推迟都使得消息可能无法按其预先估算的时间到达目的节点。因此，MED 实际获得的平均延迟要大于 EDLQ。相比之下，BCBCA 在路由决策时通过牺牲一定的延迟性能来避免网络负载过度地向部分节点集中，缓解由于拥塞导致的传输瓶颈对消息交付性能的负面影响。在路径选择时利用节点介数反映节点承受的负载强度，当节点通信压力过大时，节点选择时延相对较长的其他路径避开过热的网络节点以实现负载均衡。尽管如此，相对于消息到达率的提升而言，BCBCA 付出的延迟代价仍然是可以接受的。如图 5-8 所示，BCBCA 的平均延迟仅仅稍高于 MED。此外，MaxProp 并未利用网络拓扑变化的确定性知识，而是根据节点本地统计的相遇历史信息来确定转发概率。局部信息的不准确性导致其无法保证消息通过最短的路径到达目的节点。因此，MaxProp 的平均延迟相对最大。

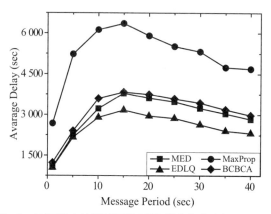

图 5-8 不同路由协议的平均延迟随消息生成间隔的变化

5.4.5 网络负载分布

本小节我们将分析不同路由协议下网络负载的分布情况。实验中，我们设置消息的生成间隔为25 s，在仿真时间内全部的25个节点产生的消息总数均为1 720个，然后分别统计消息转发过程中经过各个节点的消息数量，如图5-9所示。

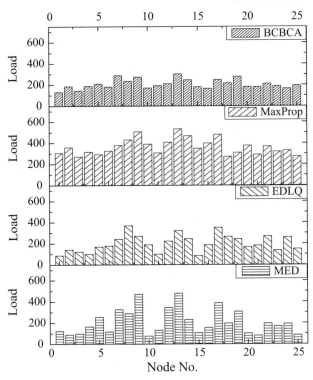

图 5-9　消息生成间隔为 25s 时不同路由协议的网络负载分布

从图中可以看出 MED 算法根据网络的初始状态，由消息的源节点利用最短路径算法预先计算转发路径，部分节点由于活跃性较高而被选中成为多条最短路径的转发节点。而且消息的转发路径一经确定就不再改变，相同节点对间的所有数据传输都通过预设的固定路径完成。因此，通信量严重地向这部分节点集中，导致网络负载严重失衡。EDLQ 在路径开销的计算时利用了本地节点的排队延迟信息，并通过逐跳计算的方式更新消息的转发路由。不足的是，它只考虑了当前节点的输出队列情况以实现在路径的第一跳转发节点的选择时避开拥塞，而并未综合路径上其他节点的队列状态来优化路由决策，因而仍然不可能有效地分流网络数据。从图中我们可以看到，采用 EDLQ 时负载的分布情况比 MED 稍好，但是少数节点承受的负载压力仍然相当突出，造成部分节点资源迅速耗尽而过早地发生拥塞。相比之下，BCBCA 避免了单纯地根据时延来选择最佳转发路径，而是利用节点的介数值指示网络瓶颈的潜在位置，并根据介数值的变化动态地改变消息的路由。它在节点缓存压力较大时，将数据流向负载量相对较小的节点进行疏导，通过延时性能次优的路径避开拥塞节点或区域。因此，各节点接收的数据量明显更为均衡，实现了网络资源的有效利用并提高了整体的网络吞吐量。MaxProp 采用了多副本复制方式来传输消息，消息数量相比其他 3 种单副本路由协议显著增加。但是，MaxProp 在利用节点相遇历史信息估计节点的交付概率的同时也综合了节点的缓存占用情况来选择下一跳转发节点。它避免了向拥塞节点的无效消息复制，一定程度上实现了节点缓存资源的均衡利用。所以，图中 MaxProp 下各个节点的负载量虽然较大，但是分布也相对较为平均。

5.5　小　结

在确定性 DTN 网络环境中，路由的决策通常根据节点移动模式等先验知识将时变网络转换成静态网络，再利用经典路由算法求解来实现。然而由于缺乏对网络状态变化的自适应性，这类算法往往容易导致严重的网络负载失衡，从而使得部分活跃节点的存储压力过大，进而发生拥塞。本章提出一种面向确定性 DTN 的拥塞感知路由算法，该算法利用网络演化图，根据链路的延迟开销进行计算，找到到达时间最早的多条路径构成备选集合，并根据节点介数来评估节点的负载压力，进而综合路径的延迟开销和介数值在备选路径中实现路由的概率性选择，在保证消息的尽快交付的同时，使转发路径避开拥塞节点，从而提高了路由算法的整体性能。仿真实验结果证明我们的算法在合理的延迟开销下有效地均衡了网络负载并提高了消息的到达率。

第6章　总结与展望

本书主要论述了 DTN 体系结构下的拥塞控制问题。与传统因特网不同，由于网络的频繁中断或分割，DTN 中的网络连接具有明显的间歇性，从而无法保证节点间持续稳定的端到端路径。这使得传统的基于端到端反馈的拥塞控制策略无法适用于该类挑战性的网络环境。因此如何设计符合 DTN 网络特征的拥塞控制机制成为保障 DTN 网络传输性能的关键问题。我们以优化消息到达率、消息分发速度和网络开销为主要目标，主要针对 DTN 中的端到端确认机制、缓存管理策略和拥塞感知的路由决策等方面进行了深入的研究。

6.1　工作总结

本书的主要研究工作及创新点包括以下4个方面：

（1）端到端的确认对于保证 DTN 间歇性连通环境下的传输可靠性具有极其重要的作用。它在通告消息成功到达的同时还能有效地移除冗余副本，释放缓存资源。现有的端到端确认机制中对于确认消息的传播通常分为主动或被动两种方式，然而，主动传输方式容易导致确认消息的过度复制，造成过大的资源消耗；而被动传输方式则存在确认的端到端延迟过大的问题。针对现有机制的缺陷，提出了一种基于拥塞程度自适应的端到端确认机制 CL-ACK，根据网络的拥塞状态来实现确认消息在主动和被动传输方式间的自适应切换。CL-ACK 不依赖网络的全局信息，能有效地控制网络总体开销，进而提高消息的交付比例，同时还能获得较好的延迟性能。

(2) 多副本路由策略给资源严重受限的 DTN 节点带来了巨大的存储压力，极易由于节点缓存耗尽而导致拥塞。合理的控制节点的消息接收和丢弃过程能减少不必要的资源消耗，实现有效的拥塞避免，进而提高消息的传输性能。然而如何准确地判断网络的拥塞状态，在恰当的时机做出合理的决策是拥塞控制得以有效实施的关键因素。在对常见的拥塞检测度量进行深入分析的基础上，提出一种基于概率接纳和丢弃的拥塞控制算法 PAD。该算法利用节点队列长度和输入 / 输出速率实现了对拥塞程度更为精确的判断，并结合了消息的剩余生存时间来计算消息接收和丢弃的概率以优化消息接纳和丢弃的决策。PAD 算法能有效地减少网络拥塞对传输性能造成的负面影响，显著地提高消息的到达率，并将端到端延迟和网络开销控制在较小的范围内。此外，通过一个基于生灭过程的连续时间带吸收态的马尔科夫链对网络消息的传输过程进行了建模，分析了多副本路由方式下的消息到达率，进一步证实了算法的优越性。

(3) 内容中心网络通常以发布订阅方式来实现消息的分发和获取，分发过程中消息的过度复制往往导致网络拥塞的发生。在实际应用中，用户对特定内容的订阅兴趣通常具有一定的时效性，这意味着消息必须在订阅有效期内完成交付。因此，订阅兴趣的有效时间可以作为避免拥塞时消息丢弃选择的重要依据。针对现有的研究中均未考虑订阅期限的问题，提出一种基于订阅时效性的缓存管理机制 TVBBM。该机制在综合考虑消息订阅量、消息转发次数以及节点接触历史信息的基础上，结合订阅兴趣的时效性，设计了一个多属性的效用来确定合理的消息丢弃顺序。TVBBM 能够以较小的网络开销实现快速的消息分发，并获得较高的消息到达率。

(4) 在确定性 DTN 网络环境中，利用网络拓扑变化的规律性可以将时变网络转换为静态网络序列并通过经典路由算法得到理论上的最优路径。然而，由于无法通过准确地追踪网络状态的变化来动态地调整转发路径，容易出现网络流量过度地集中于部分活跃节点的现象，从而造成局部拥塞，影响网络的传输性能。针对这一问题，提出了一种基于节点介数的拥塞感知路由算法 BCBCA。该算法根据网络演化图采用改进的 Dijkstra 算法选出延迟开销最小的一组备选路径，并以节点介数作为拥塞检测的主要测度指标，综合延迟开销和节点的拥塞状态，从备选路径中概率性地选择消息的实际转发路径。该算法在保证较小延迟的同时，能有效地绕开拥塞的节点，实现网络负载均衡，从而提高消息的交付比例。

6.2　工作展望

DTN 能适应资源严格受限、物理拓扑具有时变特性的极端环境，更符合实际的网络应用需求。由于其巨大的发展潜力，近年来关于 DTN 的研究也成为国内外关注的热点。然而，目前 DTN 的研究和应用还处于起步阶段，大量的工作有待进一步的研究和完善。为了改善 DTN 环境下的服务质量、提高网络性能，DTN 中的可靠性和拥塞控制技术将是未来研究工作的重点。值得进一步关注的问题包括以下几个方面：

(1) DTN 的拥塞控制模型的建立。由于不存在持续的端到端连接，因此，传统的 TCP 拥塞控制模型无法适用于 DTN 网络环境。目前，部分研究者提出了一些针对 DTN 复制转发机制下的理论分析模型，但是这些模型大多基于缓存和带宽资源不受限制的假设，或者仅从单一因素的角度考虑 1 跳或 2 跳链路上的资源竞争问题。然而网络拥塞本身是一个多种因素共同作用下的问题，而且各种因素间还可能存在互相制约关系。此外，实际网络中的消息分发通常经过多跳转发来完成，因此，如何在更现实的假设条件下建立一个拥塞控制模型，分析各种相关因素对网络资源竞争的综合影响，对于优化 DTN 的拥塞控制策略有着极其重要的意义。

(2)跨层的拥塞控制机制的设计。DTN 的拥塞控制，与链路和流量模式、介质访问控制、路由策略、传输模型以及具体的网络应用都有着密切的相关性，因此，其设计的因素也涉及不同的协议层。设计一个跨层的拥塞控制框架，结合多层的相关控制机制实现层间的协作和互补，将能有效地提高控制决策的合理性，从而改善网络性能。

(3)编码技术在拥塞控制中的应用。在间歇性连接的网络环境下，消息的复制增加了消息的传输机会，但是由此产生的冗余也加剧了网络资源的竞争。网络编码能有效地提高网络吞吐量并减少资源的消耗，通过对确认消息的编码组合，可以增加单个确认包携带的信息量，降低确认的传输开销；在节点缓存不足时，传统的处理方式之一是选出合适的消息进行丢弃来缓解拥塞。可以设计合适的编码机制对部分消息进行编码压缩以减轻节点的存储压力。同时，编码包则利用在后续的传播过程中与其他编码块的相遇获得解码机会，从而也进一步降低了消息丢弃对交付性能的影响。

(4)混合网络环境下的拥塞控制机制设计。在很多实际的应用场景中，DTN 和传统网络并存且能实现互通。例如，车载网络的应用环境中通常也覆盖有传统无线网络或卫星网络等。利用这些传统网络的通信资源，可以大大地缓解 DTN 网络的拥塞状况，实现拥塞决策的优化。比如，可以在通过局部信息进行节点本地自治的分布式拥塞控制的基础上，利用移动或固定基站、GPS卫星、蜂窝网络等基础设施完成全局信息的获取并辅以集中式的调控，从而设计出一种集中式与分布式相结合的混合拥塞控制机制，实现更有效的拥塞避免和处理；或者，在 DTN 节点缓存不足时，将部分消息转存到附近的固定网络节点来缓解拥塞等等。

参考文献

[1] PELUSI L, PASSARELLA A, CONTI M. Opportunistic Networking: Data Forwarding in Disconnected Mobile Ad hoc Networks[J]. IEEE Communications Magazine, 2006, 44(11): 134-141.

[2] HOOKE A. The Interplanetary Internet[J]. Communications of the ACM, September 2001, 44(9):38-40.

[3] HULL B, BYCHKOVSKY V, ZHANG Y, et al. CarTel: A Distributed Mobile Sensor Computing System[C]. Proceedings of the 4th Int'l Conf. on Embedded Networked Sensor Systems, Boulder: ACM, 2006:125-138.

[4] PAN H, CHAINTREAU A, SCOTT J, et al. Pocket Switched Networks and Human Mobility in Conference Environments[C]. Proceedings of the 2005 ACM SIGCOMM Workshop on Delay-Tolerant Networking. Philadelphia: ACM, 2005: 244-251.

[5] JUANG P, OKI H, WANG Y, et al. Energy-Efficient Computing for Wildlife Tracking: Design Tradeoffs and Early Experiences with ZebraNet[C]. Proceedings of the 10th Int'l Conf. on Architectural Support for Programming

Languages and Operating Systems, New York: ACM, 2002:96-107.

[6] KROTKOV E, BLITCH J. The Defense Advanced Research Projects Agency (DARPA) Tactical Mobile Robotics Program[J]. The International Journal of Robotics Research, July 1999, 18(7):769-776.

[7] PENTLAND A, FLETCHER R, HASSON A. Daknet: Rethinking Connectivity in Developing Nations[J]. Computer, 2004, 37(1):78-83.

[8] University of South Florida: Center for Robot-Assisted Search and Rescue [EB/OL]. http://crasar.csee.usf.edu/.

[9] AKYIDIZ I F, AKAN B, CHEN C, et al. InterPlaNetary Internet: State-of-the-Art and Research Challenges[J]. Computer Networks, 2003, 43(2): 75-112.

[10] IPNSIG: Interplanetary Special Interest Group[EB/OL]. http://www.ipnsig.org.

[11] Delay Tolerant Networking Research Group[EB/OL]. http://www.dtnrg.org/wiki, 2011-5-26.

[12] BURNS B, BROCK O, LEVINE B N. Autonomous Enhancement of Disruption Tolerant Networks[C]. Proceedings of IEEE International Conference on Robotics and Automation, Orlando, May 2006.

[13] 熊永平, 孙利民, 牛建伟, 等. 机会网络 [J]. 软件学报, 2009, 20（1）: 124-137.

[14] HULL B, BYCHKOVSKY V, ZHANG Y, et al. CarTel: A Distributed Mobile Sensor Computing System[R]. Proceedings of the 4th Int'l Conf. on Embedded Networked Sensor Systems, Boulder: ACM, 2006: 125-138.

[15] DIOT C, et al. Haggle project[EB/OL]. 2004. http://www.haggleproject.org.

[16] Surrey Satellite Technology Ltd. UK-DMC Satellite First to Transfer Sensor Data from Space Using "Bundle" Protocol[R]. Press Release, 2008.

[17] MERUGU S, AMMAR M, ZEHURA E. Routing in Space and Time in Networks with Predictable Mobility[R]. GIT-CC-04-7, Atlanta, GA, USA: Georgia Institute of Technology, 2004.

[18] JUANG P, OKI H, WANG Y, et al. Energy-efficient Computing for Wildlife Tracking: Design Tradeoffs and Early Experiences with ZebraNet[J]. ACM SIGPLAN Notices, vol. 37, 2002: 96-107.

[19] BALASUBRAMANIAN. DTN Routing as a Resource Allocation Problem [C]. Proceedings of ACM SIGCOMM'07, 2007.

[20] ALEX P, RICHARD F, AMIR H. DakNet: Rethinking Connectivity in Developing Nations[J]. Computer, 2004, 37(1): 78-83.

[21] LAHDE S. A Practical Analysis of Communication Characteristics for Mobile and Distributed Pollution Measurements on the Road[J]. Wireless Communications and Mobile Computing, 2007.

[22] FALL K. A Delay-Tolerant Network Architecture for Challenged Internets[C]. Proceedings of SIGCOMM'03, New York: ACM, 2003: 27-34.

[23] SCOTT K, BURLEIGH S. Bundle Protocol Pecification[S]. IETF RFC 5050, 2007.

[24] FARREL S, CAHILL V, GERAGHTY D, et al. When TCP Breaks: Delay- and Disruption-Tolerant Networking[J]. IEEE Internet Computing, 2006, 10(4): 72-78.

[25] PELUSI L, PASSARELLA A, CONTI M. Opportunistic Networking: Data Forwarding in Disconnected Mobile Ad hoc Networks[J]. 2006, Communications Magazine, IEEE, vol. 44, no. 11: 134-141.

[26] JAIN S, FALL K, PATRA R. Routing in a Delay Tolerant Network[C].

Proceedings of the SIGCOMM 2004, Portland: ACM Press, 2004: 145-158.

[27] JONES E P C, LI L, WARD P A S. Practical Routing in Delay-Tolerant Networks [C]. Proceedings of the 2005 ACM SIGCOMM Workshop on Delay-Tolerant Networking, Philadelphia: ACM, 2005: 237-243.

[28] MERUGU S, et al. Routing in Space and Time in Networks with Predicable Mobility[R]. Georgia Institute of Technology, Technical Report, GIT-CC-04-7, 2004.

[29] LIU C, WU J. Scalable Routing in Delay Tolerant Networks[C]. Proceedings of the 8th ACM International Symposium on Mobile Ad Hoc Networking and Computing (MobiHoc'07). New York: ACM, 2007: 51-60.

[30] HANDOREAN R, GILL C, ROMAN G C. Accommodating Transient Connectivity in Ad hoc and Mobile Settings[C]. Proceedings of Pervasive Computing, Berlin: Springer-Verlag, 2004: 305-322.

[31] FISCHER D, BASIN D, ENGEL T. Topology Dynamics and Routing for Predictable Mobile Networks[R]. In: Proc. of the ICNP 2008. Orlando: IEEE Communications Society, 2008: 207-217.

[32] LIU C, WU J. Routing in a Cyclic MobiSpace[C]. Proceedings of the 9th ACM International Symposium on Mobile Ad Hoc Networking and Computing (MobiHoc'08). New York: ACM, 2008: 351-360.

[33] 周晓波, 卢汉成, 李津生, 等. AED : 一种用于 DTN 的增强型 Earliest-Delivery 算法 [J]. 电子与信息学报, 2007, 29（8）: 1956-1960.

[34] XUAN B B, FERREIRA A, JARRY A. Computing Shortest, Fastest, and Foremost Journeys in Dynamic Networks[J]. International Journal of Foundations of Computer Science, 2003, 14(2): 267-285.

[35] HAY D, GIACCONE P. Optimal Routing and Scheduling for Deterministic Delay Tolerant Networks[C]. Proceedings of 6th International Conference on Wireless On-Demand Network Systems and Services. Piscataway, NJ: IEEE Computer Society, 2009: 27-34.

[36] SHAO Y, WU J. Understanding the Tolerance of Dynamic Networks: A Routing-Oriented Approach[C]. Proceedings of the 28th International Conference on Distributed Computing Systems Workshops (ICDCS'08). Piscataway, NJ: IEEE Computer Society, 2008: 180-185.

[37] A. Di Nicolo, GIACCONE P. Performance Limits of Real Delay Tolerant Networks[C]. Proceedings of the IEEE WONS'08, 2008: 149-155.

[38] VAHDAT A, BECKER D. Epidemic Routing for Partially Connected Ad hoc Networks[R]. Durham NC: Department of Computer Science, Duke University, 2000.

[39] Alaeddine El Fawal, Jean-Yves Le Boudec, Kave Salamatian. Self-Limiting Epidemic Forwarding[R]. Technical Report LCA-REPORT-2006-126.

[40] SPYROPOULOS T, PSOUNIS K, RAGHAVENDRA C S. Spray and Wait: An Efficient Routing Scheme for Intermittently Connected Mobile Networks [C]. Proceedings of the 2005 ACM SIGCOMM Workshop on Delay-Tolerant Networking. Philadelphia: ACM, 2005: 252-259.

[41] SPYROPOULOS T, PSOUNIS K, RAGHAVENDRA C. Spray and Focus: Efficient Mobility-Assisted Routing for Heterogeneous and Correlated Mobility [C]. Proceedings of the 5th Annual IEEE International Conference on Pervasive Computing and Communications Workshops. Piscataway, NJ: IEEE Computer Society, 2007: 79-85.

[42] NELSON S C, BAKHT M, KRAVETS R. Encounter-Based Routing in DTNs [C]. Proceedings of INFOCOM'09. Piscataway, NJ: IEEE Computer Society, 2009: 846-854.

[43] 王建新, 朱敬, 刘耀. 基于副本限制和社会性的延迟容忍网络路由算法 [J]. 华南理工大学学报(自然科学版), 2009, 37 (5): 84-89.

[44] TANG L, ZHENG Q, LIU J, et al. Selective Message Forwarding in Delay Tolerant Networks[J]. Mobile Networks and Applications, 2009, 14(4): 387-400.

[45] 徐佳, 孙力娟, 王汝传, 等. 机会网络中基于种子喷雾的自适应路由协议 [J]. 电子学报, 2010, 38 (10): 2315-2321.

[46] TOURNOUX P, LEGUAY J, BENBADIS F, et al. The Accordion Phenomenon: Analysis, Characterization, and Impact on DTN Routing[C]. Proceedings of INFOCOM'09, Piscataway, NJ: IEEE Computer Society, 2009: 1116-1124.

[47] 党斐, 阳小龙, 隆克平. 喷射转发算法: 一种基于 Markov 位置预测模型的 DTN 路由算法 [J]. 中国科学: 信息科学, 2010, 40 (10): 1312-1320.

[48] WANG Y, JAIN S, MARTONOSI M, et al. Erasure-Coding Based Routing for Opportunistic Networks[C]. Proceedings of the 2005 ACM SIGCOMM Workshop on Delay-Tolerant Networking. Philadelphia: ACM, 2005: 229-236.

[49] CHEN L J, YU C H, SUN T, et al. A Hybrid Routing Approach for Opportunistic Networks[C]. Proceedings of the 2006 SIGCOMM Workshop on Challenged Networks, New York: ACM, 2006: 213-220.

[50] WIDMER J, BOUDEC J L. Network Coding for Efficient Communication in Extreme Networks[C]. Proceedings of the 2005 ACM SIGCOMM Workshop on Delay-Tolerant Networking, Philadelphia: ACM, 2005: 284-291.

[51] LINDGREN A, DORIA A, Schelén O. Probabilistic Routing in Intermittently Connected Networks[J]. ACM SIGMOBILE Mobile Computing and Communications Review, 2003, 7(3): 19-20.

[52] MUSOLESI M, HAILES S, MASCOLO C. Adaptive Routing for Intermittently Connected Mobile Ad hoc Networks[C]. Proceedings of the 6th IEEE Int'l Symp on World of Wireless Mobile and Multimedia Networks, WoWMoM'05, 2005: 183-189.

[53] BURGESS J, GALLAGHER B, JENSEN D, et al. Maxprop: Routing for Vehicle-Based Disruption-Tolerant Networks[C]. Proceedings of IEEE INFOCOM'06, Piscataway, NJ: IEEE, 2006: 1-11.

[54] BALASUBRAMANIAN A, LEVINE B N, VENKATARAMANI A. DTN Routing as a Rresource Allocation Problem[C]. Proceedings of the ACM SIGCOMM 2007, Kyoto: ACM Press, 2007: 373-384.

[55] 王博, 黄传河, 杨文忠. 时延容忍网络中基于效用转发的自适应机会路由算法[J]. 通信学报, 2010, 31（10）: 36-47.

[56] SHAH R, ROY S, JAIN S, et al. Data MULEs: Modeling a Three-Tier Architecture for Sparse Sensor Networks[J]. Elsevier Ad Hoc Networks Journal, 2003, 1(2-3): 215-233.

[57] ZHAO W, AMMAR M. Message Ferrying: Proactive Routing in Highly-Partitioned Wireless Ad hoc Networks[C]. Proceedings of the 9th IEEE International Workshop on Future Trends of Distributed Computing Systems,

Piscataway, NJ: IEEE Computer Society, 2003: 308-314.

[58] ZHAO W, AMMAR M, ZEGURA E. A Message Ferrying Approach for Data Delivery in Sparse Mobile Ad hoc Networks[C]. Proceedings of the 5th ACM International Symposium on Mobile Ad Hoc Networking and Computing, New York: ACM, 2004: 187-198.

[59] 张振京，金志刚，舒炎泰. 基于节点运动预测的社会性DTN高效路由[J]. 计算机学报，2013，36（3）：626-635.

[60] 林闯，单志广，任丰原. 计算机网络的服务质量（Qos）[M]. 北京：清华大学出版社，2004：74.

[61] NAGLE J. Congestion control in IP/TCP Internetworks[Z]. IETF RFC 896, 1984.

[62] JACOBSON. Congestion Avoidance and Control[C]. Proceedings of ACM SIGCOMM 1988, New York, USA: ACM, 1988: 314-329.

[63] STEVENS W. TCP Slow Start, Congestion Avoidance, Fast Retransmit and Fast Recovery Algorithms[R]. IETF RFC 2001, 1997.

[64] MATHIS M, MAHDAVI J, FLOYD S, et al. TCP Selective Acknowledgement Options[Z]. RFC 2018, IETF, Oct. 1996.

[65] HOE J. Improving the Start-Up Behavior of a Congestion Control Scheme for TCP[C]. Proceedings of ACM SIGCOMM 1996, New York, USA: ACM, Aug. 1996: 270-280.

[66] BRAKMO L, PETERSON L. TCP Vegas: End to End Congestion Avoidance on a Global Internet[J]. IEEE Journal on Selected Areas in Communication, 1995, 13(8): 1465-1480.

[67] FLOYD S. Highspeed TCP for Large Congestion Windows[S]. IETF RFC

3649, Experimental, Dec. 2003.

[68] HA S, RHEE I, XU L. CUBIC: A New TCP-Friendly High-Speed TCP Variant [J]. ACM SIGOPS Operating Systems Review, 42(5), New York: ACM, 2008: 64-74.

[69] WEI D X, JIN C, LOW S H, et al. FAST TCP: Motivation, Architecture, Algorithms, Performance[J]. IEEE/ACM Transactions on Networking (ToN), 14(6), Piscataway, NJ: IEEE, 2006: 1246-1259.

[70] KATABI D, HANDLEY M, CHARLIE R. Congestion Control for High Bandwidth-Delay Product Networks[C]. Proceedings of the ACM SIGCOMM' 02, Pittsburgh: ACM Press, 2002: 89-102.

[71] GERLA M, SANADIDI M, WANG R, et al. TCP Westwood: Congestion Window Control Using Bandwidth Estimation[C]. Proceedings of the IEEE GLOBECOM '01, Piscataway, NJ: IEEE, 2001:1698-1702.

[72] APONE A, FRATTA L, MARTIGNON F. Bandwidth Estimation Schemes for TCP over Wireless Networks[J]. IEEE Transactions on Mobile Computing, 2004, 3(2): 129-143.

[73] XU K, TIAN Y, ANSARI N. TCP-Jersey for Wireless IP Communications [J]. IEEE Journal on Selected Areas of Communictions, 2004, 22(4): 747-756.

[74] Jaewon Kang, Yanyong Zhang, Nath Badri. TARA: Topology-Aware Resource Adaptation to Alleviate Congestion in Sensor Networks[J]. IEEE Transactions on Parallel and Distributed Systems, 2007, 18(7): 919-931.

[75] RANGWALA S, JINDAL A, GOVINDAN R, et al. Understanding Congestion Control in Multi-Hop Wireless Mesh Networks[C]. Proceedings

of the 14th ACM International Conference on Mobile Computing and Networking (MobiCom'08), New York, USA: ACM, 2008: 291-302.

[76] WISCHHOF L, ROHLING H. Congestion Control in Vehicular Ad hoc Networks [C]. Proceedings of the IEEE International Conference on Vehicular Electronics and Safety, 2005: 58-63.

[77] KHALED H, KEVIN A. Transport Layer Issues in Delay Tolerant Mobile Networks[C]. Proceedings of the 5th International IFIP-TC6 Networking Conference, Coimbra, Portugal, 2006: 463-475.

[78] BURLEIGH S, JENNINGS E, SCHOOLCRAFT J. Autonomous Congestion Control in Delay-Tolerant Networks[C], Proceedings of the 9th International Conference on Space Operations, 2006: 70-79.

[79] ZHANG G, WANG J, LIU Y. Congestion Management in Delay Tolerant Networks[C]. Proceedings of the 4th Annual International Conference on Wireless Internet, 2008: 65.

[80] AMIR Y, et al. A Cost-Benefit Flow Control for Reliable Multicast and Unicast in Overlay Networks[J]. IEEE/ACM Trans. on Networking, 2005, 13(5).

[81] THOMPSON N, NELSON S C, BAKHT M, et al. Retiring Replicants: Congestion Control for Intermittently-Connected Networks[C]. Proceedings of INFOCOM'10. Piscataway, NJ: IEEE Computer Society, 2010: 1-9.

[82] BRACCIALE L, BATTAGLINO D, DETTI A, et al. Delay Performance of a Publish Subscribe System Deployed Over a Memory-Constrained, Delay Tolerant Network[C]. Proceedings of the 10th IFIP Annual Mediterranean Ad Hoc Networking Workshop (Med-Hoc-Net'11), 2011: 25-32.

[83] CHANDRAN K, RAGHUNATHAN S. A Feedback-Based Scheme for Improving TCP Performance in Ad hoc Wireless Networks[C]. IEEE ICDCS, 1998: 472-479.

[84] HOLLAND G, VAIDYA N. Analysis of TCP Performance Over Mobile Ad hoc Networks [J]. Wireless Networks, 2002, 8(2): 275-288.

[85] WANG C, SOHRABY K, LI B. SenTCP: A Hop-by-Hop Congestion Control Protocol for Wireless Sensor Networks[C]. Proceedings of IEEE INFOCOM'05, Piscataway, NJ: IEEE, 2005: 107-114.

[86] AKAN O B, AKYILDIZ I F. ESRT: Event-to-Sink Reliable Transport in Wireless Sensor Networks[J]. IEEE/ACM Transactions on Networking (TON), 2005, 13(5): 1003-1016.

[87] ANDREW C T, et al. CODA: Congestion Detection and Avoidance in Sensor Networks[C]. Proceedings of the 1st International Conference on Embedded Networked Sensor Systems, 2003: 266-279.

[88] HULL B, et al. Mitigating Congestion in Wireless Sensor Networks[C]. Proceedings of the 2nd International Conference on Embedded Networked Sensor Systems, 2004: 134-147.

[89] DE RANGO F, et al. Hop-by-Hop Local Flow Control Over Interplanetary Networks Based on DTN Architecture[C]. Proceedings of ICC'08, 2008: 1920-1924.

[90] IYER Y G, GANDHAM S, VENKATESAN S. STCP: A Generic Transport Layer Protocol for Wireless Sensor Networks[C]. Proceedings of the 14th International Conference on Computer Communications and Networks (ICCCN'05), 2005: 449-455.

[91] CHEN S G, YANG N. Congestion Avoidance Based on Lightweight Buffer Management in Sensor Networks[J]. IEEE Trans. on Parallel and Distributed Systems, 2006, 17(9): 934-946.

[92] RADENKOVIC M, GRUNDY A. Congestion Aware Data Dissemination in Social Opportunistic Networks[C]. ACM SIGMOBILE Mobile Computing and Communications Review, 2010, 14(3): 31-33.

[93] RADENKOVIC M, GRUNDY A. Framework for Utility Driven Congestion Control in Delay Tolerant Opportunistic Networks[C]. Proceedings of the 7th International Wireless Communications and Mobile Computing Conference (IWCMC'11), 2011: 448-454.

[94] GRUNDY A, RADENKOVIC M. Promoting Congestion Control in Opportunistic Networks[C]. Proceedings of IEEE WiMob'10, 2010.

[95] 刘耀，王建新，黄元南. 延迟容忍网络中基于社会属性的负载感知路由[J]. 系统工程与电子技术，2012，34（1）: 185-190.

[96] Yao Liu, Jianxin Wang, Shigeng Zhang, et al. A Buffer Management Scheme Based on Message Transmission Status in Delay Tolerant Networks [C]. Proceedings of Globecom'11, Piscataway, NJ: IEEE, 2011: 1-5.

[97] LINDGREN A, PHANSE K S. Evaluation of Queuing Policies and Forwarding Strategies for Routing in Intermittently Connected Networks[C]. Proceedings of the 1st International Conference on Communication System Software and Middleware (Comsware'06), 2006: 1-10.

[98] BARAKAT K C, SPYROPOULOS T. Optimal Buffer Management Policies for Delay Tolerant Networks[C]. Proceedings of the 5th Annual IEEE Communications Society Conference on Sensor, Mesh and Ad Hoc Communi-

cations and Networks (SECON'08), 2008: 260-268.

[99] BARAKAT K C, SPYROPOULOS T. Message Drop and Scheduling in DTNs: Theory and Practice[J]. IEEE Transactions on Mobile Computing, 2012, 11(9): 1470-1483.

[100] Li Yong, Qian Mengjiong, Jin Depeng, et al. Adaptive Optimal Buffer Management Policies for Realistic DTN[C]. Proceedings of Globecom'09. Piscataway, NJ: IEEE, 2009: 1-5.

[101] SULMA R, QAISAR A, HANAN A A, et al. Impact of Mobility Models on DLA (Drop Largest) Optimized DTN Epidemic Routing Protocol[J]. International Journal of Computer Applications, 2011, 18(5): 35-39.

[102] RASHID S, AYUB Q, ZAHID M S M, et al. Optimization of DTN Routing Protocols by Using Forwarding Strategy (TSMF) and Queuing Drop Policy (DLA)[J]. International Journal of Computer and Network Security, 2010, 2(4): 71-75.

[103] AYUB Q, RASHID S. T-Drop: An Optimal Buffer Management Policy to Improve QOS in DTN Routing Protocols[J]. Journal of Computing, 2010, 2(10): 46-50.

[104] SULMA R, QAISAR A, HANAN A A, et al. E-DROP An Effective Drop Buffer Management Policy for DTN Routing Protocols[J]. International Journal of Computer Applications, 2011, 13(7): 8-13.

[105] RASHID S, ABDULLAH A H, ZAHID M S M, et al. Mean Drop an Effectual Buffer Management Policy for Delay Tolerant Network[J]. European Journal of Scientific Research, 2012, 70(3): 396-407.

[106] LI Y, ZHAO L, LIU Z, et al. N-Drop: Congestion Control Strategy Under

Epidemic Routing in DTN[C]. Proceedings of the 2009 International Conference on Wireless Communications and Mobile Computing: Connecting the World Wirelessly, 2009: 457-460.

[107] LEELA-AMORNSIN L, HIROSHI E. Heuristic Congestion Control for Message Deletion in Delay Tolerant Network[J]. Smart Spaces and Next Generation Wired/Wireless Networking, 2010: 287-298.

[108] SELIGMAN M, FALL K, MUNDUR P. Alternative Custodians for Congestion Control in Delay Tolerant Networks[C]. Proceedings of the 2006 SIGCOMM Workshop on Challenged Networks, 2006: 229-236.

[109] SELIGMAN M. Storage Usage of Custody Transfer in Delay Tolerant Networks with Intermittent Connectivity[C]. Proceedings of ICWN'06, 2006.

[110] SELGMAN M, FALL K, MUNDUR P. Storage Routing for DTN Congestion Control[J]. Wireless Communications and Mobile Computing, 2007, 7(10): 1183-1196.

[111] WANG Y, WU J. A Joint Replication-Migration-based Routing in Delay Tolerant Networks[C]. Accepted to Appear in Proc. of IEEE International Conference on Communications (ICC), June, 2012.

[112] HUA D, DU X, XU G, et al. A DTN Congestion Mechanism Based on Distributed Storage[C]. Proceedings of the 2nd IEEE International Conference on Information Management and Engineering (ICIME'10), 2010: 385-389.

[113] FALL K, HONG W, MADDEN S. Custody Transfer for Reliable Delivery in Delay Tolerant Networks[R]. Tech. Rep. IRB-TR-03-030, Intel Research Berkeley, Jul 2003.

[114] RAMADAS M, BURLEIGH S, FARRELL S. Licklider Transmission Protocol

Specification[S]. IETF RFC-5326, September 2008.

[115] WAN C Y, CAMPBELL A T, KRISHNAMURTHY L. Pump-Slowly, Fetch-Quickly (PSFQ): A Reliable Transport Protocol for Sensor Networks[J]. IEEE Journal on Selected Areas in Communications, 2005, 23(4): 862-872.

[116] PARK S J, VEDANTHAM R, SIVAKUMAR R, et al. A Scalable Approach for Reliable Downstream Data Delivery in Wireless Sensor Networks[C]. Proceedings of the 5th ACM International Symposium on Mobile Ad Hoc Networking and Computing (MobiHoc'04), New York: ACM, 2004: 393-422.

[117] ZHANG H, ARORA A, CHOI Y, et al. Reliable Bursty Convergecast in Wireless Sensor Networks[C]. Proceedings of the 6th ACM International Symposium on Mobile Ad Hoc Networking and Computing (MobiHoc'05), New York: ACM, 2005: 266-276.

[118] GITMAN I. Comparison of Hop-by-Hop and End-to-End Acknowledgement Schemes in Computer Communication Networks[J]. IEEE Trans. on Comm., 1976, 24(11): 1258-1262.

[119] STANN F, HEIDEMANN J. RMST: Reliable Data Transport in Sensor Networks [C]. Proceedings of the First IEEE International Workshop on Sensor Network Protocols and Applications, Anchorage, Alaska, 2003: 102-112.

[120] Space Communications Protocol Specification (SCPS), Transport Protocol (SCPS-TP). Recommendation for Space Data System Standards, CCSDS 714.0-B-2, Blue Book, CCSDS, Washington, DC, Issue 2, October 2006.

[121] AKYILDIZ I F, AKAN O B, FANG J. TP-Planet: A Reliable Transport Protocol for InterPlaNetary Internet[J]. Journal on Selected Areas in Communications,

2004, 22 (2): 348-361.

[122] SAMARAS C, TSAOUSSIDIS V, PECCIA N. DTTP: A Delay-Tolerant Transport Protocol for Space Internetworks. Proceedings of the 2nd ERCIM Workshop on eMobility, Tampere, Finland, 2008.

[123] PAPASTERGIOU G, PSARAS I, TSAOUSSIDIS V. Deep-Space Transport Protocol: A Novel Transport Scheme for Space DTNs[J]. Computer Communications, Special Issue of Computer Communicationson Delay and Disruption Tolerant Networking, 2009, 32(16): 1757-1767.

[124] ARP J P, NICKERSON B G. End-to-End Acknowledgement for Data Collection in Wireless Sensor Networks[C]. Proceedings of the 8th Annual Communication Networks and Services Research Conference (CNSR), 2010: 93-101.

[125] SMALL T, HAAS Z J. The Shared Wireless Infostation Model–A New Ad Hoc Networking Paradigm (or Where there is a Whale, there is a Way)[C]. Proceedings of MobiHoc'03, Annapolis, Maryland: ACM, 2003:233-244.

[126] KIM S H, HYUN Y, PARK C Y. Reliable Multicasting with Implicit ACK and Indirect Recovery in Wireless Sensor Networks[J]. Journal of Information Science, 2008, 35(3): 215-226.

[127] LEE G W, DUNG N T, HUH E N. Reliable Transmission on Wireless Sensor Networks with Delegated Acknowledgement[C]. Proceedings of the 4th International Conference on Uniquitous Information Management and Communication, January 2010: 6.

[128] PAPASTERGIOU G, SAMARAS C V, TSAOUSSIDIS V. Where Does Transport Layer Fit into Space DTN Architecture[C]. Proceedings of the 5th

Advanced satellite Multimedia Systems Conference (ASMA) and the 11th Signal Processing for Space Communications Workshop (SPSC), 2010: 81-88.

[129] WOOD L, MCKIM J, EDDY W M, et al. Saratoga: A Scalable File Transfer Protocol[R]. Work in Progress as an Internet-Draft, Draft-Wood-Tsvwg-Saratoga, October 2008.

[130] ARSHAD A, TIJANI C, EITAN A, et al. A New Proposal for Reliable Unicast and Multicast Transport in Delay Tolerant Networks[C]. Proceedings of the IEEE 22nd International Symposium on Personal Indoor and Mobile Radio Communications (PIMRC), 2011: 1129- 1134.

[131] Seo Doo-Ok and Lee Dong-Ho. The End-to-End Reliability Algorithms Based on the Location Information and Implicit ACK in Delay Tolerant Mobile Networks[C]. Proceedings of Future Generation Information Technology 2011, LNCS 7105, 2011: 229-239.

[132] SMALL T, HAAS Z. Resource and Performance Tradeoffs in Delay Tolerant Wireless Networks[C]. Proceedings of the 2005 ACM SIGCOMM workshop on Delay-tolerant networking (WDTN'05), New York: ACM, 2005: 260-267.

[133] Keränen A, Ott J, Kärkkäinen T. The ONE Simulator for DTN Protocol Evaluation[C]. Proceedings of the 2nd International Conference on Simulation Tools and Techniques, Brussels: ICST, 2009: 1-10.

[134] Keränen A. Opportunistic Network Environment simulator[R]. Special Assignment, Helsinki University of Technology, Department of Communi-cations and Networking, May 2008.

[135] WHITBECK J, CONAN V. HYMAD: Hybrid DTN-MANET Routing for Dense and Highly Dynamic Wireless Networks[J]. Computer Communications, 2010, 33(13): 1483-1492.

[136] DAVIS J A, FAGG A H, LEVINE B N. Wearable Computers as Packet Transport Mechanisms in Highly-Partitioned Ad-hoc Networks[C]. Proceedings of the 5th International Symposium on Wearable Computers, 2001: 141-148.

[137] BJUREFORS F, GUNNINGBERG P, ROHNER C, et al. Congestion Avoidance in a Data-Centric Opportunistic Network[C]. Proceedings of the 2011 ACM SIGCOMM Workshop on Information-Centric Networking, New York: ACM, 2011: 32-37.

[138] YUN L, XINJIAN C, QILIE L, et al. A Novel Congestion Control Strategy in Delay Tolerant Networks[C]. Proceedings of the 2nd International Conference on Future Networks (ICFN'10), 2010: 233-237.

[139] GROENEVELT R, NAIN P, KOOLE G. The Message Delay in Mobile Ad hoc Networks[J]. Performance Evaluation, 2005, 62(1): 210-228.

[140] GROENEVELT R. Stochastic Models for Ad Hoc Networks[D]. PhD thesis, University Nice-Sophia Antipolis, April 2005.

[141] HEIMBIGNER D. Adapting Publish/Subscribe Middleware to Achieve Gnutella- Like Functionality[C]. Proceedings of the 2001 ACM Symposium on Applied Computing, New York: ACM Press, 2001: 176-181.

[142] BULUT A, SINGH A K, VITENBERG R. Distributed Data Streams Indexing Using Content-Based Routing Paradigm[C]. IProceedings of 19th IEEE Int. Parallel and Distributed Processing Symposium (IPDPS05). Piscataway, NJ: IEEE, 2005: 94-95.

[143] JACOBSON V, SMETTERS D K, THORNTON J D, et al. Networking Named Content[C]. Proceedings of the 5th International Conference on Emerging Networking Experiments and Technologies, New York: ACM Press, 2009: 1-12.

[144] EUGSTER P, FELBER P, GUERRAOUI R, et al. The Many Faces of Publish/ Subscribe[J]. ACM Computing Surveys, 2003, 35(2): 114-131.

[145] NGUYEN A D, SENAC P, DIAZ M. STIgmergy Routing (STIR) for Content-Centric Delay-Tolerant Networks[C]. Proceedings of Latin-American Workshop on Dynamic Networks (LAWDN), 2010.

[146] BURNS B, BROCK O, LEVINE B N. MV Routing and Capacity Building in Disruption Tolerant Networks[C]. Proceedings of the IEEE INFOCOM'05, Piscataway, NJ: IEEE, 2005: 398-408.

[147] BOLDRINI C, CONTI M, JACOPINI J, et al. HiBOp: A History Based Routing Protocol for Opportunistic Networks[C]. Proceedings of IEEE International Symposium on a World of Wireless, Mobile and Multimedia Networks'07, Piscataway, NJ: IEEE, 2005: 1-12.

[148] TANG L, CHAI Y, LI Y, et al. Buffer Management Policies in Opportunistic Networks[J]. Journal of Computational Information Systems, 2012, 8(12): 5149-5159.

[149] YUE C, HAITHAM C, ZHILI S. Active Congestion Control Based Routing for Opportunistic Delay Tolerant Networks[C]. Proceedings of the 73rd Vehicular Technology Conference (VTC Spring). Yokohama: IEEE, 2011: 1-5.

[150] CARZANIGA A, ROSENBLUM D S, WOLF A L. Design and Evaluation of A Wide-Area Event Notification Service[J]. ACM Trans. on Computer Systems, 2001, 19(3): 332-383.

[151] Open CDN Project [EB/OL]. http://labtel.ing.uniromal.it/opencdn/.

[152] KOPONEN T, CHAWLA M, GON C B, et al. A Data-oriented (and Beyond) Network Architecture[C]. Proceedings of the ACM SIGCOMM'07, Philadelphia: ACM. 2007: 181-192.

图书在版编目（CIP）数据

面向延迟容忍网络的拥塞控制机制研究 / 安莹，罗熹著 . —西安：西安交通大学出版社，2019.5

ISBN 978-7-5693-1174-7

Ⅰ . ①面… Ⅱ . ①安… ②罗… Ⅲ . ①互联网络－阻塞控制－研究 Ⅳ . ① TP393

中国版本图书馆 CIP 数据核字（2019）第 093800 号

书　　名	面向延迟容忍网络的拥塞控制机制研究
著　　者	安　莹　罗　熹
责任编辑	贺彦峰
文字编辑	魏　杰

出版发行	西安交通大学出版社
	（西安市兴庆南路 1 号　邮政编码 710048）
网　　址	http://www.xjtupress.com
电　　话	（029）82668357　82667874（发行中心）
	（029）82668315（总编办）
传　　真	（029）82668280
印　　刷	长沙三仁包装有限公司

开　　本	710mm×1000mm　1/16　印张　9　字数　127 千字
版次印次	2019 年 8 月第 1 版　2019 年 8 月第 1 次印刷
书　　号	ISBN 978-7-5693-1174-7
定　　价	58.00 元

读者购书、书店添货、发现印装质量问题，请与本社发行中心联系、调换。